Das französische Kochbuch von Margaret Brown

Margaret Brown

Writat

Diese Ausgabe erschien im Jahr 2024

ISBN: 9789359943282

Herausgegeben von
Writat
E-Mail: info@writat.com

VORWORT.

Dieses Buch enthält eine Vielzahl von Rezepten, von den besten französischen Gerichten bis hin zu den einfachsten Gerichten. Sie sind zuverlässig, da fast jedes von mir zu unterschiedlichen Zeiten verwendet wurde. Meine Erfahrung bei der Arbeit hat mich dazu bewogen, dieses Buch herauszugeben, in dem jeder Teil von mir diktiert und von meiner Freundin Louise A. Smith sorgfältig niedergeschrieben wurde.

MARGARET BRAUN.

MENGE FÜR EINEN EMPFANG ODER EINE ABENDPARTY

MIT 225 PERSONEN .

14 Dutzend Kroketten; 1 entbeiner Truthahn; 8 Liter Terrapin.

(Sechs Truthähne, 2½ Hühner, 6 Dutzend Selleriestangen, 6 Salatköpfe, 3 halbe Pint-Flaschen Olivenöl werden für den Hühnersalat benötigt; 2½ Dutzend Eier für das Dressing und Garnieren. Petersilie kann auch zum Garnieren der Gerichte verwendet werden .)

[Diese Menge kann im Verhältnis zur oben genannten Zahl erhöht oder verringert werden.]

FÜR EIN FRÜHLINGSMITTAGESSEN.

Kleine Halsmuscheln oder Teufelskrabben; Pasteten; Frühlingshühner; Jungtauben; Pastete de Foie Gras oder ein Vogelglace; Eis und Obst.

Abendessen für 12 Personen.

Austern (Blue Point), 5 oder 6 auf einem Teller; Julienne-Suppe oder Hühner- oder Spargelpüree, gefolgt von einem Gang Fisch; Pastetchen, entweder Hühnchen oder Pilze. Für Filet de bœuf nehmen Sie 5 oder 6 Pfund Filet. Garnieren Sie dieses Gericht im Frühling mit Pilzen oder Spargel und französischen Kartoffeln; Makkaroni-Timbale; Bries, gespickt und geröstet, serviert mit Erbsen ; Hähnchenfleisch; Salat und zerkleinerte Stücke; Käseauflauf; Eis, Obst, Kaffee.

EIN FRÜHLINGSFRÜHSTÜCK.

Orangen mit gewellter Schale; gegrillte Fischkoteletts und Kartoffelkroketten; Lammkoteletts und Erbsen (französische Koteletts); Vol-au-Vents mit Kalbsbries; gegrillte Jungfische; Waffeln und Kaffee; Käse, Strohhalme, Eis.

MARGARET BROWN'S FRANZÖSISCHES KOCHBUCH.

Nr. 1.

Ochsenschwanzsuppe.

3 Schwänze in warmem Wasser einweichen. 8 Nelken, 2 Zwiebeln, je 1 Teelöffel Piment und schwarzen Pfeffer in einen Schmortopf geben und die Schwänze mit kaltem Wasser bedecken. Oft und sorgfältig abschöpfen. Leicht köcheln lassen, bis das Fleisch zart ist und sich leicht von den Knochen lösen lässt. Dies wird 2 Stunden dauern. Wenn Sie fertig sind, nehmen Sie das Fleisch heraus und schneiden Sie es von den Knochen. Die Brühe abschöpfen und durch ein Sieb passieren. Um es anzudicken, geben Sie Mehl und Butter oder 2 Esslöffel des Fettes, das Sie aus der Brühe genommen haben, in einen sauberen Schmortopf und fügen Sie so viel Mehl hinzu, dass eine Paste entsteht. Über dem Feuer gut umrühren; Anschließend die Brühe unter Rühren langsam zugießen. Lassen Sie es eine halbe Stunde lang köcheln; abschöpfen und durch ein Sieb passieren. Geben Sie einen Esslöffel Pilzketchup und ein Glas Wein in das Fleisch. mit Salz.

Nr. 2.

Scheinschildkröte.

Nehmen Sie einen Kalbskopf mit Haut, nehmen Sie das Gehirn heraus, waschen Sie den Kopf mehrmals in kaltem Wasser, lassen Sie ihn eine Stunde in Quellwasser einweichen, legen Sie ihn dann in einen Schmortopf, bedecken Sie ihn mit kaltem Wasser und füllen Sie ihn mit einer halben Gallone darüber. Entfernen Sie den Schaum, der beim Erhitzen aufsteigt. Lassen Sie es eine Stunde lang kochen, nehmen Sie es auf und schneiden Sie, wenn es fast kalt ist, den Kopf in 1,5 Zoll große Stücke und die Zunge in Bissen, oder bereiten Sie eine Beilage aus Zunge und Gehirn zu. Wenn der Kopf herausgenommen ist, geben Sie das Fleisch, etwa 3 Pfund Kalbshaxe und die gleiche Menge Rindfleisch in die Brühe, fügen Sie alle Teile und Knochen des Kopfes hinzu, überfliegen Sie ihn gut, schließen Sie den Deckel und lassen Sie ihn 5 Stunden kochen (bewahren Sie 2 auf). (Liter davon für die Soße), abseihen und bis zum Morgen stehen lassen; dann nimm das Fett ab; Stellen Sie einen großen Schmortopf mit einem halben Pfund frischer Butter, 12 Unzen geschnittenen Zwiebeln und 4 Unzen grünem Salbei auf das Feuer. hacken Sie es ein wenig; Lassen Sie diese 1 Stunde lang braten, reiben Sie dann ein Pfund Mehl hinein und fügen Sie dann nach und nach die Brühe hinzu, bis sie so dick wie Sahne ist. Würzen Sie mit ¼ Unze gemahlenem Piment, ½ Unze fein gemahlenem schwarzem Pfeffer, Salz nach Ihrem Geschmack und der Schale einer dünn geschälten Zitrone. 1½ Stunden leicht köcheln lassen, durch ein Haarsieb passieren. Wenn es nicht durchgeht, drücken Sie einfach einen Holzlöffel gegen die Seiten des Siebs. Legen Sie es mit dem Kopf in einen sauberen Schmortopf und würzen Sie es, indem Sie zu jedem Liter Suppe ½ Pint Wein und 2 Esslöffel Zitronensaft geben. Lassen Sie es köcheln, bis das Fleisch zart ist (von ½ Stunde bis 1 Stunde). Achten Sie darauf, dass es nicht übertrieben wird. Dabei häufig umrühren, damit das Fleisch nicht an der Pfanne kleben bleibt. Wenn das Fleisch ganz zart ist, ist die Suppe fertig. Ein Kopf von 20 Pfund und 10 Pfund Brühe ergeben 10 Liter Suppe, zuzüglich der 2 Liter Brühe, die als Beilagen beiseite gelegt werden. Wenn sich mehr Fleisch auf dem Kopf befindet, als Sie verwenden möchten, bereiten Sie daraus eine Ragoutpastete zu.

<h2 style="text-align:center">Nr. 3.</h2>

<h2 style="text-align:center">MOCK MOCK TURTLE.</h2>

Den Boden eines 5-Pint-Schmortopfs mit 1 Unze magerem Speck oder Schinken, 1½ Pfund magerer Rindfleischsoße, einer Kuhferse, der Innenschale einer Karotte, einem Zweig Zitronenthymian, Winterbohnenkraut, 3 Zweigen Petersilie und ein paar Zweigen auslegen grüne Blätter von süßem Basilikum, 2 Zwiebeln, eine große Zwiebel mit 4 darin steckenden Nelken, 18 Pimentkörner, 18 Pfefferkörner. Gießen Sie 1 Pint kaltes Wasser darüber , decken Sie den Schmortopf ab und stellen Sie ihn auf ein langsames Feuer, um ihn ¼ Stunde lang leicht kochen zu lassen. Beobachten Sie es sorgfältig, ggf. mit abgenommenem Deckel, bis es eine schöne braune Farbe annimmt; Anschließend den Schmortopf mit kochendem Wasser auffüllen und 2 Stunden köcheln lassen. Wenn Sie möchten, können Sie einen Teil des Fleisches in Stücke schneiden und in die Suppe geben. Zum Eindicken zwei Esslöffel Mehl und eine Kelle Soße nehmen, vermischen und in den Schmortopf gießen, in dem sich die Soße befindet, und eine halbe Stunde länger köcheln lassen. Abschöpfen und durch ein feines Sieb passieren. Schneiden Sie die Kuhferse in 2,5 cm große Stücke. Den Saft einer Zitrone, 1 Esslöffel Pilzketchup, 1 Teelöffel Salz, ½ Teelöffel schwarzer Pfeffer, eine Prise geriebene Muskatnuss, ein Glas Madeira- oder Sherrywein durch ein Sieb in den Topf mit der Suppe pressen; 5 Minuten länger köcheln lassen.

<h2 style="text-align:center">Nr. 4.</h2>

<h2 style="text-align:center">SÜDLICHE MOCK-TURTLE-SUPPE.</h2>

Waschen Sie den Kopf eines Kalbes sauber, geben Sie 2 Gallonen Wasser darauf und bringen Sie es zum Kochen. Geben Sie eine Schinkenkeule (geräuchert) mit einem Gewicht von etwa 2 Pfund hinein, außerdem Thymian, 3 Zwiebeln, 1 Bund Sellerie, je 1 Esslöffel Pimentzehen, nicht gemahlen; Lassen Sie es langsam auf 1½ Gallonen einkochen. Wenn der Kopf fertig ist, nehmen Sie ihn heraus, achten Sie darauf, das Gehirn und die Zunge zu entfernen, und schneiden Sie das Fleisch dann in kleine Stücke. Die Suppe abseihen; ½ Pfund Mehl anbraten und einen Teig daraus herstellen, um die Suppe zu verdicken; ½ Muskatnuss darin reiben, mit Pfeffer und Salz abschmecken; Nehmen Sie einen Teil des Gehirns und formen Sie daraus kleine Kuchen, wie Sie Krapfen machen würden, und braten Sie sie in Schmalz. ½ Pfund Kalbsschnitzel und einen kleinen Teil des Schinkens nehmen, mit etwas Petersilie und Zwiebeln hacken, mit Pfeffer und Salz würzen; Machen Sie kleine Hackfleischbällchen, braten Sie sie in Schmalz und wälzen Sie sie zuerst in Eiern und dann in Semmelbröseln. Geben Sie die Hackfleischkugel kurz vor dem Servieren zusammen mit einem halben Liter Wein in die Suppe.

Nr. 5.

SELLERIESUPPE.

Nachdem Sie 6 Stangen Sellerie in etwa 5 cm lange Stücke geteilt haben, waschen Sie sie gut, legen Sie sie zum Abtropfen auf ein Haarsieb und geben Sie sie in 3 Liter klare Soßensuppe in einen Suppentopf mit einem Liter Inhalt. Lassen Sie es gerade so lange schmoren, bis der Sellerie zart ist, etwa eine Stunde. Eventuell aufsteigenden Schaum entfernen, mit etwas Salz würzen. Wenn Sie diese Suppe zu einer Jahreszeit zubereiten möchten, in der Sie keinen Sellerie bekommen können, verwenden Sie die Selleriesamen, beispielsweise etwa ½ Pint, und geben Sie diese ¼ Stunde bevor sie fertig ist, mit etwas Zucker in die Suppe.

Nr. 6.

Erbsensuppe und eingelegtes Schweinefleisch.

Nehmen Sie 2 Pfund eingelegtes Schweinefleisch. Es ist darauf zu achten, dass das Schweinefleisch nicht zu salzig ist, ansonsten am Vorabend ins Wasser legen. Geben Sie 1 Liter hinein Erbsen (gespalten), 2 geschnittene Selleriestangen, 2 geschälte Zwiebeln, 1 Zweig süßer Majoran in 3 Liter Wasser; 2 Stunden leicht kochen lassen, dann das Schweinefleisch hineingeben. Lassen Sie es kochen, bis es genug zum Essen ist. Wenn Sie fertig sind, waschen Sie es in heißem Wasser und legen Sie es auf eine Schüssel. Alternativ können Sie es auch in Bissen schneiden und mit der Suppe in eine Terrine geben.

Nr. 7.

EINFACHE ERBSESUPPE.

Ein Liter Spalterbsen, 2 Sellerieköpfe; Lassen Sie sie in Brühe oder weichem Wasser (3 Liter) über einem langsamen Feuer leicht köcheln und rühren Sie dabei ab und zu um, damit die Erbsen nicht anbrennen. Fügen Sie mehr Wasser hinzu, falls es verkocht oder die Suppe zu dick wird. Nach 3-stündigem Kochen durch ein grobes und dann durch ein feines Sieb passieren. Spülen Sie Ihren Schmortopf aus, geben Sie die Suppe wieder hinein und lassen Sie sie einmal aufkochen. Entfernen Sie den Schaum, falls vorhanden. Kleine quadratische Brotstücke in heißem Schmalz anbraten, bis sie eine zarte Bräunung bekommen; Nehmen Sie sie heraus und lassen Sie sie auf einem Blatt Papier abtropfen. Schicken Sie diese zusammen mit der Suppe in einer Beilage und trockener Minze oder süßem Majoran in einer anderen.

Nr. 8.

HUMMERSUPPE.

Nehmen Sie 3 feine, lebhafte Hummer und kochen Sie sie. wenn es kalt ist, die Schwänze spalten; Nehmen Sie den Fisch heraus, knacken Sie die Scheren und schneiden Sie das Fleisch in Bissen. Nehmen Sie die Koralle und den weichen Teil des Körpers heraus und zerstoßen Sie einen Teil der Koralle in einem Mörser. Nehmen Sie den Fisch aus der Schale und schlagen Sie einen Teil davon mit der Koralle. Daraus Hackfleischbällchen formen, gewürzt mit Muskatblüte, Muskatnuss, geriebener Zitronenschale, Cayennepfeffer und Sardellen. Diese mit dem Eigelb zerstampfen. Bereiten Sie 3 Liter Kalbsbrühe vor, quetschen Sie die kleinen Keulen und die Schale an und lassen Sie sie 20 Minuten lang darin kochen, dann abseihen. Um die Suppe zu verdicken , nehmen Sie den lebenden Laich, zerstoßen ihn mit etwas Butter und Mehl im Mörser, reiben ihn durch ein Sieb und geben ihn zusammen mit dem Fleisch der Hummer und dem Rest der Korallen in die Suppe. 10 Minuten leicht köcheln lassen.

Nr. 9.

SPARGELSUPPE.

Nehmen Sie den zarten Teil von drei großen Spargelbündeln. Dies ergibt 2 Liter Suppe. Stellen Sie einen großen Topf, der zur Hälfte mit Wasser gefüllt ist, auf das Feuer. Sobald es kocht, die Hälfte des Spargels mit etwas Salz hineingeben; Lassen Sie es kochen, bis es fertig ist, und lassen Sie es dann abtropfen. In einen sauberen Schmortopf 3 Liter Kalbs- oder Hammelfleischbrühe geben, gut abdecken und eine Stunde bei schwacher Hitze schmoren lassen. Durch ein Sieb reiben, dann die andere Hälfte des Spargels in 2,5 cm lange Stücke schneiden und in die Suppe geben.

Nr. 10.

TOMATENSUPPE ODER MOCK HOCK SUPPE.

Einen Liter Tomaten anzünden und kochen lassen; Wenn alles fertig ist, 3 Esslöffel Zucker, 1 Teelöffel Muskatnuss und Muskatblüte durch ein Sieb pürieren und in die Tomaten geben, 1 Esslöffel Butter mit einem großen Esslöffel Mehl vermischen, alles unter die Tomaten rühren und erneut aufkochen lassen; rühren, bis es kocht. Eine Viertelstunde vor dem Servieren 1 Pint Milch hinzufügen. Pfeffer und Salz nach Geschmack. Rühren, bis es schön kocht. Kurz vor dem Servieren 2 Esslöffel Wein dazugeben.

Nr. 11.

GEBRATENE AUSTERN.

Zu diesem Zweck sollte jede einzelne Auster so groß, prall und fett – natürlich frisch, nicht gesalzen – sein, wie Sie bekommen können. Kleine Exemplare eignen sich für Saucen, Kroketten, Suppen usw. Lassen Sie den Saft ab, geben Sie sie in eine Schüssel, bedecken Sie sie mit Eiswasser, lassen Sie sie einige Minuten stehen, legen Sie sie dann in ein Sieb und lassen Sie sie abtropfen. Trocknen Sie es zwischen zwei dünnen, weichen Handtüchern, ohne sie zu drücken, und legen Sie es auf ein Formbrett , das leicht mit fein gesiebtem Crackerstaub bedeckt ist. Schlagen Sie so viele Eier und die gleiche Menge Sahne auf, wie Sie zum Befeuchten aller Austern benötigen, und fügen Sie zum Schluss für jeweils drei Eier einen Salzlöffel Salz hinzu. Halten Sie ausreichend fein gesiebte Semmelbrösel bereit, indem Sie die Mitte eines alten Laibs Weißbrot in einem Handtuch einreiben und durch ein Sieb drücken. Tauchen Sie die Austern einzeln in das geschlagene Ei und wälzen Sie sie in den Krümeln, bis sie vollständig bedeckt sind. Machen Sie sie keinesfalls flach, sondern halten Sie sie möglichst rund und prall; Legen Sie sie auf Servietten und bewahren Sie sie eine halbe Stunde lang an einem kühlen Ort auf. Nochmals eintauchen, in Krümeln wälzen und eine weitere halbe Stunde ruhen lassen. Legen Sie sie nun so auf den Drahtständer, dass sie sich nicht ganz berühren. Stellen Sie den Ständer in eine tiefe Bratpfanne, die fast mit der von Ihnen verwendeten Bratmischung gefüllt ist, die kochend heiß sein muss, und braten Sie sie schnell an, bis sie eine tiefgelbe Farbe haben, aber bräunen Sie sie nicht, sonst werden sie zäh und fettig. Heben Sie den Ständer aus der Pfanne, lassen Sie ihn schnell abtropfen und servieren Sie die Austern auf einer heißen, weißen Serviette, legen Sie sie auf eine heiße Platte und garnieren Sie sie mit Zweigen Petersilie oder Brunnenkresse, gefüllten Oliven und kleinen Zitronenstückchen. Das köstlichste Gewürz überhaupt ist die französische Mayonnaisesauce, die mit Salat serviert wird.

Nr. 12.

FRICASSED-AUSTERN.

Fünfzig Austern, 6 Unzen Butter, 3 Esslöffel Mehl, 3 Salzlöffel Salz, 2 Salzlöffel weißer Pfeffer, 2 Salzlöffel Muskatblüte, 6 Lorbeerblätter, 1 Liter Sahne, 4 Eigelb, 1 Teetasse Semmelbrösel. Geben Sie die Austern mit ihrem Saft in einen Schmortopf auf hoher Flamme. einmal aufkochen lassen, abtropfen lassen, in eine heiße Terrine geben und an einen warmen Ort stellen. Butter, Mehl und 3 Teelöffel Brühsahne zu einer feinen, glatten Paste verreiben und in einem hellen Schmortopf bei starker Hitze schnell in den Liter Sahne einrühren. Salz und Gewürze hinzufügen und rühren, bis die Masse nicht mehr eindickt. Geben Sie nun das gut geschlagene Eigelb hinein;

Rühren, bis alles glatt ist, das Ganze durch ein feines Sieb über die Austern gießen. Gleichmäßig mit den Krümeln bedecken und im Schnellofen leicht bräunen.

Nr. 13.

Überbackene Austern.

Eine halbe Gallone Austern für ein Drei-Liter- Puddinggericht; Die Austern gut abtropfen lassen, 1 Pint Semmelbrösel hinzufügen und Pfeffer, Salz und etwas Senf, Muskatnuss oder Muskatblüte in die Krümel geben. Den Boden der Form mit den Krümeln bedecken. Legen Sie eine Schicht Austern mit einem kleinen Stück Butter und dann eine Schicht Krümel darauf. Fahren Sie auf diese Weise fort, bis die Schüssel voll ist, und geben Sie dann 2 oder 3 Esslöffel Sahne darauf. In einen ziemlich schnellen Ofen geben; 20 Minuten backen lassen.

Nr. 14.

EINGELEGTE AUSTERN.

Die Austern abtropfen lassen. Auf ½ Gallone eingelegte Austern ½ Pint Apfelessig. Den Essig kochend heiß erhitzen. Geben Sie ausreichend Gewürze hinzu, Nelken, Piment und Muskatblüte. Geben Sie die Austern in die heiße Flüssigkeit, bis sie heiß sind. etwas Salz hineingeben; Nehmen Sie sie aus der heißen Flüssigkeit, geben Sie sie direkt in den heißen Essig, legen Sie sie in eine abgedeckte Schüssel und stellen Sie sie zum Abkühlen ab.

Nr. 15.

AUSTERNFRICASSEE.

Legen Sie 75 Austern mit ihrem Likör und einer gleichen Menge Hühnerbrühe, 1 Glas Weißwein und 2 Klingen Muskatblüte auf das Feuer. Wenn sie kochen, nehmen Sie sie vom Feuer und schmoren Sie sie dann aus dem kochenden Schmortopf, und geben Sie sie zurück ins Feuer. Geben Sie in einen sauberen Schmortopf ein Stück Butter in der Größe eines Eies und 1½ Teelöffel Mehl, rühren Sie 5 Minuten lang um und fügen Sie dann das Eigelb von 5 Eiern, 1 Salzlöffel weißen Pfeffer und Salz sowie 1 Esslöffel gehackte Petersilie hinzu. lass es nicht kochen; die Austern darin scharf machen; Benutze nach Anweisung.

Nr. 16.

CHICKEN A L'ITALIENNE.

Gewöhnliche Butter, Hühnerreste, 12 Tomaten, 1 Tasse Brühe, 2 Esslöffel gehackte Zwiebeln, ein Esslöffel Petersilie, je 1 Salzlöffel Salz, weißer Pfeffer, königlicher Thymian und Bohnenkraut, 1 Esslöffel Butter. Schneiden Sie die Hähnchenreste in kleine Stücke, tauchen Sie sie in die Butter und braten Sie sie in reichlich heißem Schmalz knusprig an; Mit Tomatensauce servieren.

Nr. 17.

FISCHKROKETTEN.

Drei Pfund schwerer Stein. Kochen Sie es, bis es fertig ist; häuten und die Knochen herausnehmen. Den Fisch mit 1 Stange Sellerie und 2 Zweigen Petersilie, 1 Pint Milch, 2 Esslöffeln Mehl und ¼ Pfund Butter fein zerkleinern. Butter und Mehl vermischen; Kochen Sie die Milch und gießen Sie sie in das Mehl und die Butter, sodass eine reichhaltige Soße entsteht.

Kochen Sie ½ Pint Austern überbrüht, nehmen Sie die Herzen heraus, schneiden Sie sie in kleine Stücke und geben Sie sie in die Soße. Geben Sie den Fisch in die Soße und rühren Sie weiter, bis er zu kochen beginnt. Wenn Sie fertig sind, gießen Sie es auf eine Platte und lassen Sie es abkühlen. Machen Sie Kroketten in Birnen- oder Apfelform, wälzen Sie sie in geschlagenen Eiern und dann in Semmelbröseln. In einem Krokettenkessel Schmalz aufkochen.

Servieren Sie diese mit französischen Kartoffeln oder gebratenen Saratoga-Kartoffeln.

Nr. 18.

KARTOFFELKROKETTE.

5 große Kartoffeln schälen und mehlig kochen. Mit einem Kartoffelstampfer fein zerreiben; ½ Esslöffel Butter, 2 Eier, Pfeffer und Salz in den Kartoffeln gut zerstampfen. Nachdem sie abgekühlt sind, formen Sie daraus Kirchtürme. Rollen Sie sie in geschlagenem Ei und dann in Semmelbröseln. Kochen Sie sie in heißem Schmalz. Stellen Sie sie rund um die Schüssel auf.

Nr. 19.

HUMMERKROKETTEN.

Zwei Hummer gekocht, gepflückt und fein gehackt; ¼ Laib Brot, fein gerieben, etwas Muskatnuss, Muskatblüte nach Geschmack, ¼ Pfund Butter; Alles mit Hummer und 1 Ei vermischen; Machen Sie Hummerkroketten in Birnen- oder Spießform, legen Sie sie in geschlagene Eier und dann in Semmelbrösel. In heißem Schmalz aufkochen, mit Krallen und Petersilie garnieren.

Nr. 20.

WEINSAUCE FÜR WIRST ODER HASEN.

Ein Viertel Pint Rotwein oder Portwein und die gleiche Menge Hammelfleischsoße; 1 Esslöffel Johannisbeergelee. Einmal aufkochen lassen und in einer Sauciere auf den Tisch geben.

Nr. 21.

Markknochen.

Säge die Knochen gerade, damit sie fest stehen; Geben Sie ein Stück Paste in die Enden, stellen Sie sie aufrecht in einen Topf und kochen Sie sie, bis sie fertig sind. Die Herstellung eines Rindermarkknochens dauert zwischen 1 und 1½ Stunden. Servieren Sie dazu frisch geröstetes Brot.

Nr. 22.

CURRY HUHN.

Zwei junge Hühner, in Stücke geschnitten; Geben Sie ein kleines Stück Butter, ein kleines Stück Zwiebel und Petersilie sowie 1 Pint Wasser in die Schmorpfanne. Langsam schmoren lassen. Wenn alles fertig ist, nehmen Sie 1 Teetasse Sahne, entfernen Sie das Fett von der Oberseite des Topfes und gießen Sie die Sahne hinein. Nehmen Sie das Fett und vermischen Sie es mit 2 großen Esslöffeln Mehl. Wenn das Huhn wieder zu kochen beginnt, geben Sie das mit dem Fett angefeuchtete Mehl hinein . Geben Sie einen Teelöffel Curry und etwas Salz hinzu. Kochen Sie etwas Naturreis in einem Schmortopf. Wenn es Zeit zum Servieren ist, legen Sie das Curryhähnchen in die Mitte der Platte und den gekochten Reis rundherum auf die Schüssel und garnieren Sie es mit Wasserkresse und Petersilie.

Nr. 23.

Kaltes Kalbfleisch und Schinken-Timbale.

Timbale-Paste, 1 Pfund Corned Schinken, 2 Pfund Kalbskeule, 6 hartgekochte Eier, je 1 Teelöffel Königssellerie, Salz und Majoran, 3 Zweige Petersilie, weißer Pfeffer und Salz nach Geschmack. Legen Sie die Timbale-Form mit der Paste aus und stellen Sie sie zunächst auf eine gefettete Backform. Schinken und Kalbfleisch in Jakobsmuscheln und die Eier in Scheiben schneiden; mit ihnen abwechselnd Schichten mit den Gewürzen bilden; Wenn alles aufgebraucht ist, füllen Sie es mit Wasser, befeuchten Sie die freiliegenden Ränder und backen Sie es 2 Stunden lang bei mittlerer Hitze. Wenn es kalt ist, öffnen Sie die Form und servieren Sie es nach Belieben.

Nr. 24.

Hühnerfrikadellen.

CHROMSKY-MISCHUNG.

Den Teig sehr dünn ausrollen, mit einem großen Keksausstecher ausstechen, die Ränder anfeuchten, einen Teelöffel der Mischung darauf geben, den Teig darüber falten und die beiden Ränder andrücken; In reichlich heißem Schmalz anbraten, bis die Paste gar ist. Auf einer Serviette servieren.

Nr. 25.

SCHIMMELSCHILDECKE.

Nehmen Sie 2 Diamantrücken und legen Sie diese in heißes, kochendes Wasser oder Lauge. Lassen Sie sie ganz fertig werden; Nehmen Sie sie heraus und lassen Sie sie etwas abkühlen. dann öffne sie und entferne die dunkle Haut von den Füßen; Nehmen Sie das Fleisch aus der Schale, den Eingeweiden und der Leber. Achten Sie dabei darauf, die Galle nicht zu zerbrechen, da das Gericht sonst unbrauchbar wird. Verwenden Sie nicht den Kopf. Nehmen Sie ¼ Pfund Butter, ein kleines Stück Zwiebel und einen Teelöffel Thymian. Geben Sie diese in den Schmortopf und lassen Sie sie ein wenig bräunen. Geben Sie außerdem einen Esslöffel Mehl, einen halben Liter Sahne und einen halben Liter Milch hinzu. Lassen Sie alles zu einer kräftigen Soße aufkochen und nehmen Sie es dann vom Feuer. Etwas Muskatnuss reiben, eine Prise gemahlener Piment und Nelken, Cayennepfeffer nach Geschmack. Nehmen Sie eine Stange Sellerie und hacken Sie sie sehr fein. Legen Sie es zum Fleisch. Geben Sie dies ¼ Stunde vor dem Abendessen in den Schmortopf mit der Soße über dem Feuer. Lassen Sie es 5 bis 10 Minuten lang kochen. Geben Sie kurz vor dem Servieren je ein Weinglas mit Sherry und Brandy hinein. Slider können auf die gleiche Weise zubereitet werden.

Nr. 26.

Gebratener Truthahn mit Knochen.

Dieser muss entbeint sein, wie in „Entbeinter Truthahn" angegeben, mit folgender Ausnahme: Die Knochen müssen in allen unteren Extremitäten und in den Trieben belassen werden, damit diese Knochen, wenn sie in Form gebracht werden, bei der Formung helfen. Nehmen Sie ein altes Brot und schneiden Sie die Kruste ab; ½ Pfund Butter, 1 Dose Champignons, gehackt, Pfeffer und Salz, 1 Teelöffel Muskatnuss. Das alles fein zerkleinern; Füllen Sie jedes Gelenk aus, an dem der Knochen entfernt wurde, damit es prall aussieht. Binde es an; in eine Backform geben; Mehl, Pfeffer und Salz darüber sieben; Geben Sie etwas Wasser in die Pfanne, damit es nicht anbrennt. 1½ Stunden im langsamen Ofen backen; Begießen Sie es mit ½ Pint Madeirawein im Ofen; Nehmen Sie den Truthahn aus der Pfanne und bereiten Sie die Soße mit der Essenz zu. Machen Sie Kartoffelkroketten und legen Sie sie rundherum auf die Schüssel.

Nr. 27.

Truthahn ohne Knochen.

Den Truthahn am Rücken aufschneiden, den Rücken vom Fleisch befreien, dann das gesamte Fleisch von den Flügeln lösen, ohne die Haut zu beschädigen, dann von der Seite der Brust und anschließend von den Schenkeln und Keulen. Wir haben jetzt das ganze Fleisch in einem Stück abgenommen und nur noch die Knochenkadaver übrig. Nehmen Sie nun 2 Pfund Kalbsschnitzel oder großes Hähnchen oder Wurstfleisch, ¼ Pfund Schinken, eine halbe Dose geschälte und in zwei Hälften geschnittene Trüffel, eine in zwei Hälften geschnittene Dose Pilze, 1 große Stange Sellerie, 1 Teelöffel voll Thymian, eine halbe kleine Zwiebel, ein Bund Petersilie; fein hacken, außer Trüffeln und Pilzen; Mit Pfeffer und Salz abschmecken. Nehmen Sie das gesamte Dressing zusammen und geben Sie es in das vom Truthahn genommene Fleisch (das alles in einem Stück ist). Nähen Sie die Rückseite zusammen. Dann nähen Sie dies in einen Beutel und kochen Sie es leicht. Ein kleiner Truthahn braucht 2½ Stunden; ein großes, 3 Stunden. Legen Sie den Kadaver in ½ Gallone Wasser und lassen Sie es kochen, bis der Wassergehalt auf 3 Pints reduziert ist. Pfeffer und Salz sowie ein kleines Stück Zwiebel hineingeben; dann abnehmen und abseihen. 1 Packung Gelatine in einer Tasse Wasser schmelzen. Sobald es geschmolzen ist, die kühle Suppe mit dem Eiweiß von 2 geschlagenen Eiern und 2 Eierschalen hinzufügen. Legen Sie es auf das Feuer und rühren Sie, bis es kocht. 10 Minuten kochen lassen, dann durch einen Flanellbeutel abseihen. Nehmen Sie eine kleine Form Gelee, garnieren Sie sie mit Eiern, Petersilie, Rüben und Karotten und geben Sie abwechselnd Gelee dazwischen, bis die Form gefüllt ist. Wenn der Truthahn fertig ist, legen Sie ihn in eine geschlossene Pfanne und drücken Sie ihn aus. Nach dem vollständigen Abkühlen mit kaltem Gelee bestreichen, gerade so weit abkühlen lassen, dass der Truthahn vollständig bedeckt ist. Die Garnierformen auf die Putenbrust legen. Gericht mit Brunnenkresse, Rüben und Karotten garnieren.

Nr. 28.

Vanillepudding-Krapfen.

Ein halber Liter Milch, 5 Eier, ½ Tasse Zucker, 1 Kichererbsenrahm, Butter. Milch, Sahne, Zucker und Eier verrühren; abseihen, in eine kleine Schüssel geben und in einen Topf mit kochendem Wasser stellen, bis es bis zur Hälfte des Schüsselrands reicht; Sehr sanft dämpfen, bis es fest ist – etwa 20 Minuten – und auf das Eis legen, bis es kalt ist; in 1½ Zoll lange und 1 Quadrat große Stücke schneiden; In gewöhnlichen Teig tauchen und in reichlich heißem Schmalz braten, das eine tiefbraune Farbe hat. Mit Zucker bestreut servieren.

Nr. 29.

PFIRSICHSAUCE.

Den Pfirsichsaft aus der Dose in einen kleinen Topf geben, die gleiche Menge Wasser, etwas mehr Zucker und 8 oder 10 Rosinen hinzufügen, 10 Minuten kochen lassen , abseihen und kurz vor dem Servieren 8 Tropfen Bittermandelextrakt hinzufügen.

Nr. 30.

HUMMERKRACHEN.

Normaler Teig, 1 Hummer, ½ Tasse Champignons, Eigelb von 4 Eiern, 1 Tasse Sahne, 1 Esslöffel Butter, Sellerie, Salz, Thymian, weißer Pfeffer, Salzlöffel Petersilie und 1 Esslöffel Mehl. Den Hummer in 2 Liter kochendes Wasser mit ½ Tasse Salz geben; 25 Minuten kochen; Wenn es kalt ist, entfernen Sie das Fleisch und das Fett. in kleine, saubere Scheiben schneiden; Geben Sie das Mehl und die Butter in einen kleinen Schmortopf auf dem Feuer, rühren Sie mit einem Holzlöffel um, bis Blasen entstehen, fügen Sie dann die kochende Sahne und die Gewürze hinzu; zwei Minuten kochen lassen, Eigelb und Hummer dazugeben und vermischen; Stellen Sie es wieder auf 4 Minuten köcheln; Gießen Sie es auf eine gut gefettete Schüssel und stellen Sie es beiseite, damit es durch Abkühlen fest wird. Dann in feine Stücke schneiden, in den Teig tauchen und in reichlich heißem Schmalz gelb braten; Nehmen Sie ein paar schöne Petersilienzweige, ganz trocken, und braten Sie sie im Schmalz an, während Sie 15 Sekunden zählen. Auf den Krapfen servieren.

Nr. 31.

GLOCKENKRACHEN.

Sieben Sie 1 Pint Mehl und gießen Sie kochend heißes Wasser darüber, bis es so weit gart, dass es die Konsistenz eines steifen Teigs hat. Lassen Sie es vollkommen kalt werden. Nehmen Sie 5 Eier und 1 Esslöffel Butter, geben Sie alles hinein und schlagen Sie alles so lange, bis es so hell wie Muffins ist. Etwas Muskatnuss hineinreiben. Kochen Sie sie in heißem Schmalz. Bereiten Sie Weinsauce zum Servieren zu.

Nr. 32.

WAFFELN.

Mit Hefe über Nacht einen dicken Teig herstellen. Morgens 1 Pint Mehl, 3 Eier, 1 Esslöffel Butter sowie etwas Muskatnuss und Salz unterrühren; Nochmals gehen lassen und kurz vor dem Frühstück braten.

Nr. 33.

OMELETTE.

Fünf Eigelb, leicht geschlagen und etwas fein gehackter Sellerie. Das Eiweiß zu einem steifen Schaum schlagen. Geben Sie kurz vor dem Frühstück eine ¼ Tasse Milch hinzu und gießen Sie dann das Eiweiß mit dem Eigelb hinein. In eine gebutterte Bratpfanne geben und anbraten.

Nr. 34.

Ragout vom kalten Kalbfleisch.

Es können Kalbshals, Lende oder Filet verwendet werden. Das Kalbfleisch in Schnitzel schneiden. Ein Stück Butter in die Pfanne geben; Wenn es heiß ist, bemehlen Sie das Kalbfleisch und braten Sie es hellbraun an. Nehmen Sie es heraus und geben Sie 1 Pint kochendes Wasser in die Pfanne. Lassen Sie es eine Minute lang aufkochen und geben Sie es in eine Schüssel, während Sie es wie folgt eindicken: Eine Unze Butter in einer Pfanne schmelzen und so viel Mehl damit vermischen, dass es austrocknet; Rühren Sie es einige Minuten lang über dem Feuer und fügen Sie nach und nach die Soße hinzu, die Sie in der Bratpfanne zubereitet haben. Lassen Sie sie zehn Minuten lang zusammen köcheln. Mit Pfeffer, Salz, etwas Muskatblüte, 1 Glas Pilzketchup oder Wein würzen, bis das Fleisch gut durchgewärmt ist. Fertiggekochter Speck, in Scheiben geschnitten, kann zum Erwärmen zum Kalbfleisch gegeben werden.

Nr. 35.

LARK PIE.

Pflücke vier Dutzend Lerchen und versenge sie. Schneiden Sie die Flügel und Beine ab, entfernen Sie die Mägen und legen Sie die Lerchen auf eine Schüssel. Schneiden Sie 2 Pfund Kalbsschnitzel und 1 Pfund Schinken in Jakobsmuscheln. Diese in einer Pfanne mit etwas frischer Butter, 1 Dose Champignons, etwas Petersilie, 1 kleinen Zwiebel, einem halben Lorbeerblatt, 1 Zweig fein gehacktem Thymian anbraten; Mit Cayennepfeffer, Salz und Zitronensaft würzen. Fügen Sie dazu ¼ Pint Pilzketchup und die gleiche Menge kräftiger Soße hinzu. Das Ganze 3 Minuten kochen lassen, dann die Kalbs- und Schinken-Jakobsmuscheln übereinander auf den Boden der Schüssel legen; Platzieren Sie die Lerchen ordentlich und dicht beieinander. Gießen Sie die Soße darüber und legen Sie die Pilze in die Mitte . Mit Blätterteigpaste bedecken. Den Kuchen 1¼ Stunden backen und servieren.

Nr. 36.

CHICKEN PIE A LA REINE.

Paste, 1 dickes, zartes Huhn, ½ Pfund gepökeltes Schweinefleisch, je ½ Teelöffel Sellerie, Salz und Thymian, 4 Zweige Petersilie, weißer Pfeffer und Salz nach Geschmack. Das Hähnchen in kleine Stücke schneiden, das Schweinefleisch in ordentliche Jakobsmuscheln schneiden und in 1½ Liter Wasser sanft schmoren, bis es fast gar ist. Den Rand einer Puddingform mit der Paste auslegen, Hähnchen-, Schweinefleisch- und Gewürzschichten darauf verteilen. Bei Verwendung die gehackte Petersilie darüber streuen; Mit der Soße füllen, abdecken, verzieren, mit Milch übergießen und 40 Minuten im Ofen backen.

Nr. 37.

ZITRONEN-CREME-BAISER-TORTE.

Nachdem Sie die Zitronencremetorte zubereitet haben, schlagen Sie die 4 Eiweiße zu einem trockenen Schaum auf; 1 Tasse Zucker vorsichtig einarbeiten; Auf dem Kuchen verteilen und zum Festwerden in den Ofen zurückstellen. eine rehbraune Farbe.

Nr. 38.

TIMBALES VON MACCARONI.

Nehmen Sie 2 Liter Wasser und kochen Sie darin 1 Pfund Makkaroni mit ½ Pfund Butter, 8 Pfefferkörnern und etwas Salz. Wenn es fertig und kalt ist, lassen Sie die Hälfte davon auf einer Serviette abtropfen. Buttern Sie die Innenseite einer einfachen Form , schneiden Sie die Makkaroni in 0,5 cm lange Stücke, bedecken Sie den Boden der Form damit und stellen Sie sie auf die Enden. bedecken Sie dies mit einer dicken Schicht Hühnerfleisch; Die Seiten der Form auf die gleiche Weise auskleiden und die Innenseite mit der Rückseite des Löffels in heißem Wasser glattstreichen. Füllen Sie den Hohlraum mit einer Geflügeldecke mit dicker Soße. Bedecken Sie das Ganze wie folgt mit einer Schicht Hackfleisch: Schneiden Sie Papier passend zur Form zu, bestreichen Sie es mit Butter, verteilen Sie etwas Hackfleisch darauf, tauchen Sie ein Messer in heißes Wasser und glätten Sie die Oberfläche damit, fassen Sie das Papier mit beiden Händen und drehen Sie es es verkehrt herum auf die Timbale. Lassen Sie das Papier so darauf, dass es leicht entfernt werden kann, wenn das Hackfleisch ausreichend gedünstet ist. Eineinhalb Stunden vor dem Abendessen legen Sie die Timbale in einen Schmortopf, der doppelt so groß ist, auf einen Ring, damit er den Boden nicht berührt, damit das Wasser im Schmortopf, das nur bis zur Hälfte der Form reicht , frei darunter zirkulieren kann Es. Eine Stunde lang auf den Herd stellen und dann eine weitere halbe Stunde lang in den Ofen stellen, damit es oben braun wird. Wenn Sie fertig sind, entfernen Sie das Papier von der Timbale und heben Sie die Form vorsichtig an . Etwas Sauce darübergießen und mit Trüffeln und Pilzen garnieren.

Nr. 39.

HAMMELSATTEL.

Nehmen Sie einen Hammelrücken, entfernen Sie vorsichtig das Rückgrat, schneiden Sie das Schwanzende rund, schneiden Sie die Lappen quadratisch ab, würzen Sie den inneren Teil mit Pfeffer und Salz, rollen Sie jeden Lappen so auf, dass er ein ordentliches Aussehen erhält, und binden Sie mehrmals eine Schnur darum mal. Das Hammelfleisch muss zum Schmoren mit Karotten, Zwiebeln, Sellerie, Nelken und Muskatblüte vorbereitet werden; Mit einer Menge guter Brühe anfeuchten, so dass das Hammelfleisch bedeckt ist. Legen Sie ein mit Butter bestrichenes Papier und einen Deckel darüber und stellen Sie die Schmorpfanne auf ein mäßiges Feuer. Nach dem Kochen noch 4 Stunden schmoren oder köcheln lassen , dabei vorsichtig begießen; Wenn es fertig ist, nehmen Sie es auf und legen Sie es in den Ofen, um es auf einer Pfanne zu trocknen. Anrichten und mit Karotten, Rüben, Blumenkohl, grünen Bohnen, Gurken, Spargelköpfen, kleinen Frühkartoffeln und grünen Erbsen garnieren . Gießen Sie etwas Soße um das Hammelfleisch und stellen Sie es auf den Tisch.

Nr. 40.

Ochsenzunge.

Nehmen Sie eine eingelegte Zunge, stecken Sie einen Eisenspieß von einem Ende zum anderen und binden Sie eine Schnur von einem Ende des Spießes zum anderen, damit er seine Form behält. Legen Sie die Zunge in kaltes Wasser auf das Feuer. Lassen Sie es drei Stunden lang leicht kochen, nehmen Sie es dann auf und legen Sie es nach dem Entfernen der äußeren Nagelhaut oder Haut zum Abkühlen in die Speisekammer. ordentlich abschneiden, in ein Stück Butterpapier einwickeln und mit etwas Brühe in einen ovalen Schmortopf geben; Legen Sie die Zunge eine ¾ Stunde vor dem Servieren in den Ofen oder auf ein langsames Feuer, um sie zu erwärmen, glasieren Sie sie dann und garnieren Sie sie mit etwas vorbereitetem Spinat. Etwas Soße darübergießen und servieren.

Nr. 41.

Hammelkoteletts.

Die Schnitzel putzen und mit etwas Butterschmalz kreisförmig in einer Pfanne anrichten; schnell anbraten, sodass es auf beiden Seiten braun wird; Bevor das Ganze fertig ist, das Fett abgießen; Fügen Sie ½ Pint Rotwein (Portwein oder Rotwein), 1 Dose vorbereitete Pilze und die gleiche Menge kleine Zwiebeln hinzu, die zuvor in etwas Butter bei schwacher Hitze gekocht wurden, bis sie gar sind. Mit einer Prise Mignonette-Pfeffer, etwas Salz, etwas geriebener Muskatnuss und einem Teelöffel Puderzucker würzen; Lassen Sie das Ganze 2 Minuten lang auf dem Feuer kochen und fügen Sie einen Löffel gebrannten Zucker hinzu. Lassen Sie die Schnitzel 20 Minuten lang ganz langsam köcheln. Die Koteletts müssen dicht im Kreis angerichtet werden; ein halbes Glas Rotwein hinzufügen; Das Ganze 1 Minute kochen lassen und die Mitte mit Pilzen garnieren; Die Soße über die Schnitzel gießen und servieren.

Nr. 42.

Hammelkoteletts mit Kastanien.

Die Koteletts wie zuvor gezeigt anrichten und mit in einem Schmortopf gleichmäßig erhitzten Kastanien garnieren, so dass sich die Schale leicht ablösen lässt. Nehmen Sie die Kastanien mit etwas guter Brühe und geben Sie sie in einen sauberen Schmortopf. köcheln lassen; Wenn es fertig ist, in einem Mörser zerstoßen; Mit etwas Zucker, Muskatnuss und ½ Pint Sahne in eine Pfanne geben; Das Fruchtfleisch zerkleinern, durch ein Sieb reiben, in einen Schmortopf geben, heiß werden lassen, etwas Butter untermischen, runde Koteletts mit etwas dünner Soße übergießen.

Nr. 43.

VOL-AU-VENTS.

[Menge für 2 Vol-au-vents].

Paste – ein Pfund Butter, 1 Pfund Mehl; Butter in 4 Teile teilen, ¼ in Mehl einreiben, mit der Hand mit etwas Wasser vermischen, dann auf ein Backbrett legen; ausrollen und das zweite Viertel der Butter schichtweise über diese Paste geben; Falten und rollen Sie es und fügen Sie die anderen beiden Viertel auf die gleiche Weise hinzu. Zum Abkühlen 1 Stunde auf Eis stehen lassen; Rollen Sie diese Paste und schneiden Sie sie in 4 Teile. Rollen Sie ¼ für die Oberseite und ¼ für die Unterseite des Kuchens. Diese müssen oval ausgeschnitten werden; Schneiden Sie die Stücke und Enden der Paste in Blütenformen und Blätter, um die Seiten der beiden Tortenschichten zu garnieren. Die restlichen 2 Viertel sind für ein weiteres Vol-au-Vent bestimmt, das auf die gleiche Weise befestigt wird. Schneiden Sie die Mitte der oberen Abdeckung aus und füllen Sie sie mit Blumen und Blättern aus Teig. In den heißen Ofen schieben und eine ¾ Stunde backen lassen. Während des Backens geht diese Paste auf und bläht sich in Form eines Zylinders auf. Nehmen Sie im heißen Zustand dieses geblümte Mittelstück oben auf dem Kuchen ab und kratzen Sie aus dieser Öffnung das gesamte Innere heraus, so dass nichts als ein hohler Krustenzylinder übrig bleibt. Geben Sie ein halbes Dutzend echtes Kalbsbries hinein, vorgekocht und enthäutet; 1 Dutzend Trüffel, geschält und in Scheiben geschnitten; ½ Dose Champignons halbieren. Machen Sie eine Soße aus 1 Esslöffel Butter, 1 Esslöffel Mehl, ½ Pint Sahne, 1 Pint Milch; Butter und Mehl miteinander verreiben, Milch und Sahne aufkochen und aus Butter und Mehl, Milch und Sahne eine reichhaltige Soße zubereiten; Kochen Sie in dieser Soße Bries, Trüffel, Pilze, ½ Teelöffel Muskatnuss, weißen Pfeffer und Salz, jeweils 1 Teelöffel; zusammenfügen; beim Kochen umrühren; 20 Minuten kochen lassen. Zum Abendessen mit der Paste auffüllen und heiß mit Trüffeln, Pilzen und Kalbsbries servieren. Schicken Sie eine Sauciere voller Soße mit der Paste auf den Tisch.

Nr. 44.

KROKETTETEN.

Nehmen Sie ein mittelgroßes Huhn, kochen Sie es, ein Paar Kalbsbries und eine halbe Schachtel Pilze, 1 kleine Dose Trüffel, 1 Stange Sellerie, eine kleine Zwiebel, ein paar Zweige Petersilie; Alles sehr fein hacken; Bringen Sie eine Sauce aus 1 Pint Milch und ½ Pint Hühnerwasser, einem großen Esslöffel Butter und 2 Esslöffeln Mehl zum Kochen und schlagen Sie nach dem Abkühlen 2 Eier in die Sauce. Mit Pfeffer, Salz und Muskatnuss abschmecken; fügen Sie das gehackte Huhn hinzu; zum Kochen bringen und 15 Minuten rühren; Zum Abkühlen auf Teller gießen; dann in Form von Birnen oder Eiern rollen; Rollen Sie sie in einem geschlagenen Ei und dann in Semmelbröseln. Stecken Sie einen Rippenknochen am Ende der Birnenformen hinein. Kochen Sie sie in heißem Schmalz, bis sie zart braun sind. Anschließend auf einer Serviette auf einem Teller anrichten und mit Petersilie garnieren. Legen Sie sie auf eine ovale Schüssel.

Nr. 45.

FELSENFISCHKOTETTE.

[Kann aus jedem Fisch hergestellt werden.]

Nehmen Sie einen Felsenfisch, nachdem Sie ihn sauber gewaschen haben, schneiden Sie ihm das Rückgrat ab, nehmen Sie das Rückgrat heraus, schneiden Sie die Rippen ab und schneiden Sie den Fisch dann in quadratische Stücke. Nehmen Sie die Haut ab und spicken Sie sie mit kleinen Trüffelstücken, die gehäutet und in Scheiben geschnitten wurden, wobei die Scheiben in drei Viertel geschnitten werden. Nehmen Sie dann ein scharfes Messer und stechen Sie damit in den Fisch. Den Fisch salzen und 1 Stunde kühl stellen. Nehmen Sie eine halbe Stunde vor dem Abendessen eine mittelgroße Fettpfanne und geben Sie einen halben Liter Milch und einen Esslöffel Butter hinein. Legen Sie alle Fischstücke einzeln mit der Trüffelseite nach oben in diese Pfanne, drücken Sie sie fest, damit sie gerade bleiben, und stellen Sie sie für eine Viertelstunde auf den Herd. Wenn Sie fertig sind, nehmen Sie ½ Pint Milch zusammen mit der Milch in der Pfanne, 2 Esslöffel Mehl, 1 Teelöffel weißen Pfeffer, 1 Esslöffel Butter; Mischen Sie Butter und Mehl, bis eine cremige Masse entsteht, und gießen Sie dann die heiße Milch darüber, um eine reichhaltige Soße zu erhalten. In diese Soße 1 Dutzend Pilze und die restlichen Trüffel geben; Champignons in vier Viertel schneiden. Nehmen Sie den Fisch und legen Sie ihn rund um Ihr Gericht. Kochen Sie französische Kartoffeln und legen Sie sie in die Mitte der Schüssel. Das Gericht mit Petersilie und Zitronenscheiben garnieren.

Nr. 46.

RISSOLES.

Blätterteigpaste – Hacken Sie die Brust eines Hähnchens wie bei der Zubereitung von Kroketten. Nach dem Kochen zwei Teelöffel der Mischung entnehmen und die Paste sehr dünn ausrollen; Nehmen Sie einen Keksausstecher und schneiden Sie den Teig aus. Nehmen Sie 2 Teelöffel Hühnermischung und ein geschlagenes Ei, befeuchten Sie den Rand der geschnittenen Paste, befeuchten Sie auch die gesamte Oberfläche und wälzen Sie sie in Fadennudeln. Kochen Sie sie in heißem Schmalz, bis sie braun sind. Auf einer Serviette auf einem mit Wasserkresse garnierten Teller servieren.

[Siehe Quittung für die Zubereitung von <u>Kroketten</u>.]

Nr. 47.

HÜHNERKOTTELETS.

[Menge für ein Huhn.]

Kochen Sie das Huhn ausreichend, um es zu essen; Nehmen Sie es heraus und lassen Sie es abkühlen; Nehmen Sie das gesamte weiße Fleisch und hacken Sie es mit Pilzen und einer Selleriestange sehr fein. Nehmen Sie ¼ Pfund Butter, 2 volle Esslöffel Mehl, 2 Eigelb und 1 Eiweiß, ½ Pint Milch,

½ Teetasse Pilzwasser, in das etwas Muskatnuss gerieben wurde , ½ Pint
Sahne. Butter und Mehl vermischen, Milch, Sahne und Pilzwasser aufkochen,
Butter und Mehl hineingeben; Dadurch entsteht eine reichhaltige Soße, die
je nach Geschmack gewürzt wird. Wenn es etwas abgekühlt ist, fügen Sie die
geschlagenen Eier hinzu; Hühnchen hinzufügen, umrühren, sodass eine
reichhaltige Paste entsteht; 15 Minuten kochen lassen, während des Kochens
umrühren, auf eine Platte gießen, abkühlen lassen; Formen Sie
Hammelkoteletts oder -koteletts, nehmen Sie die Rippen und legen Sie sie
als Stiele hinein; Anschließend die Koteletts in verquirltem Ei mit
geriebenem Brot wälzen , in heißes Schmalz geben und zartbraun braten. Mit
Erbsen und Petersilie oder Pilzen und Petersilie garnieren. Heiß servieren.

Nr. 48.

PATE-LA-FOIE-GRAS.

Machen Sie eine Suppe aus kräftiger Bouillon; zwei Stunden kochen
lassen; Geben Sie ein paar Zweige Thymian, einen Zweig Zwiebeln und einen
kleinen Bund Sellerie hinein. Wenn es fertig ist, abkühlen lassen und das Fett
abschöpfen. Mischen Sie zu jedem halben Pint Glas Pate-la-Foie Gras drei
Pints Boullion ; Nehmen Sie eine halbe Schachtel Gelatine , die in einer
Teetasse Brühe geschmolzen ist. Schlagen Sie das Eiweiß eines Eies und
zweier Eierschalen (nicht sehr hell) in der abgekühlten Brühe auf, rühren Sie
die geschmolzene Gelatine um , bis sie anfängt zu kochen, etwa 10 Minuten
lang, fügen Sie Pfeffer und Salz hinzu. Nach etwa 10 Minuten Kochen durch
einen Flanellbeutel abseihen; Auf Eis legen, aber nicht zu kalt werden lassen.
In eine Geleeform eine Schicht Gelee geben , Pilze in Sterne und Halbmonde
schneiden und auf die Geleeschicht legen, dann eine Scheibe Pate-la-foie-
gras, als nächstes eine Schicht Gelee, Trüffel in kleine Stücke schneiden die
Form von Blumen oder Rauten haben und auf den Geleeschichten liegen;
Fahren Sie fort, bis die Form gefüllt ist, und stellen Sie sie dann auf Eis. nach
Lust und Laune garnieren.

Nr. 49.

HÜHNERSALAT MIT MAYONNAISE-SAUCE.

Ein Paar Hühner, fertig kochen; abkühlen lassen, häuten und in kleine
Würfel schneiden; 2 Dutzend Stangen Sellerie; 4 mittelgroße weiße
Salatköpfe in Stücke schneiden; 1 der weißen harten Köpfe muss zusammen
mit dem Sellerie und dem Huhn zerschnitten werden. Nehmen Sie eine
Teetasse süßes Öl, ¼ Teetasse Essig, einen leichten halben Teelöffel roten
Pfeffer, Salz nach Geschmack, 1 Teelöffel Senf, 1 mittelgroßen Esslöffel
Worcestershire-Sauce; Mischen Sie das Ganze mit dem Hühnchen und dem
Sellerie. Lassen Sie den Sellerie vollkommen trocken sein. Nehmen Sie eine

mittelgroße irische Kartoffel, kochen Sie sie fertig und drücken Sie sie durch ein feines Sieb. Geben Sie einen Teelöffel Senf, Cayennepfeffer nach Geschmack, 2 Eigelb roher Eier und 2 gekochte, sehr fein pürierte Eier hinein. Nun die Kartoffeln und Eier gut verrühren, nach und nach eine halbe Teetasse Essig und den Inhalt von 3 halben Litern Olivenöl hinzufügen; Arbeiten Sie es in eine Richtung, bis es vollkommen steif und leicht ist. Legen Sie es 1 Stunde lang in den Kühlschrank und lassen Sie es abkühlen. Wenn Sie anrichten, legen Sie den Salat auf den Teller und verteilen Sie das süße Öldressing als Glasur darüber. Rote Bete und Karotten kochen, in Rauten, Rosen usw. schneiden und den Salat damit und Petersilienzweigen garnieren; Nehmen Sie die anderen drei Salatköpfe, schneiden Sie sie in vier Viertel, nehmen Sie ein Viertel und legen Sie es in die Mitte des Salats, und legen Sie die anderen mit Petersilie um die Schüssel herum.

Nr. 50.

APPLE CHARLOTTE.

Nehmen Sie 6 große Äpfel und hacken Sie sie sehr fein, reiben Sie das Innere eines alten Brotlaibs in Krümel, reiben Sie eine halbe Muskatnuss, nehmen Sie eine 3-Pint-Puddingform, legen Sie sie dick mit dünn geschnittenem Butterbrot und einer Schicht Brot aus Krümel, eine Schicht Äpfel und eine Schicht Butter, bestehend aus kleinen Stücken; Fügen Sie weiter hinzu, bis die Pfanne sehr dicht ist. Machen Sie die letzte Schicht Butter und Zucker. Im mäßig heißen Ofen zwei Stunden backen; Mit Sahnesoße servieren. In jede Schicht Zucker geben.

Nr. 51.

VERBRAUCHEN.

Nehmen Sie ein halbes Liter Brühe mit drei gut geschlagenen Eiern und etwas Salz und gießen Sie es in eine Auflaufform. Legen Sie es in den Ofen und lassen Sie es 15 Minuten backen. Dadurch wird es braun wie ein Kuchen. Versuchen Sie es mit einer Messerklinge. Wenn Sie fertig sind, ist das Messer klar. Lassen Sie es abkühlen, entfernen Sie dann die obere und untere Kruste, schneiden Sie die Mitte in Rauten, geben Sie sie in eine Terrine und gießen Sie dann die Suppe darüber.

Nr. 52.

FISCHCREME A LA LAIT.

Nehmen Sie jede Art von großem Weißfisch, 4 Pfund pro 3-Liter-Puddingpfanne; Den Fisch in kaltem Wasser waschen, zum Kochen bringen und abkühlen lassen. Die Haut abziehen und das Fleisch mit einer Gabel von den Knochen lösen; ein halbes Liter Austern vorkochen; Wenn alles fertig ist, abkühlen lassen und die Herzen herausnehmen. Einen halben Liter Milch und einen halben Liter Sahne aufkochen, 2 Esslöffel Mehl und 1 Esslöffel Butter zu einer hellen Creme verrühren, die in die kochende Milch und Sahne eingerührt werden muss; das ergibt eine reichhaltige Soße; Mit Pfeffer und Salz abschmecken. Wenn die Soße fertig ist, nehmen Sie die Sauce ab und rühren Sie den Fisch und die Austern unter, geben Sie sie dann in eine Puddingform und legen Sie eine Schicht Semmelbrösel darauf. Über die Semmelbrösel Butterflöckchen geben. In den Ofen geben und 20 Minuten backen lassen; Kartoffelkroketten zubereiten und auf die Schüssel legen, die mit Petersilie garniert werden muss; heiß servieren.

Nr. 53.

LACHSFILET.

Nehmen Sie 5 Pfund Lachs, schneiden Sie den Rücken ab und nehmen Sie die Filets heraus. Ganz dicht mit dünnen Schmalzstreifen bestreichen und mit der Spicknadel aufziehen. Den Rost auflegen und grillen; Geben Sie beim Grillen Butter, Pfeffer und Salz hinzu. Wenn es fertig ist, geben Sie 1 Liter Austern auf eine Schüssel Filets; Lassen Sie den gesamten Likör von den Austern abtropfen. Frikassee sie. Nehmen Sie 1 Teetasse Sahne, 1 Esslöffel Mehl, 1 Esslöffel Butter, geben Sie zum Würzen etwas Muskatblüte hinein und bereiten Sie eine Soße zu; Geben Sie dann die Austern hinein und lassen Sie es einmal aufkochen, um fertig zu sein. Gießen Sie 1 Glas Wein hinein. Nehmen Sie Ihren Fisch und legen Sie die Enden übereinander auf die Schüssel. Gießen Sie Ihre Austern in die Mitte. Nehmen Sie 1 Kugel französische Kartoffeln und legen Sie vier Stapel um die Schüssel. Diese Kartoffeln müssen in Schmalz gekocht und nach Geschmack gewürzt werden.

Nr. 54.

RETSATTEL.

[12 Pfund.]

Nehmen Sie die obere Haut ab. Nehmen Sie eine Portion Fett heraus und spießen Sie es rund auf. ¾ Stunde kochen lassen; Schneiden Sie es hinten ein, nehmen Sie die Filets heraus, schneiden Sie sie in Scheiben, pfeffern und salzen Sie sie und legen Sie sie zurück. Bereiten Sie eine Soße aus 1 Tasse Zucker, ½ Tasse Essig, 2 Teetassen Tomaten, der Essenz des Wildbrets, 1 Teelöffel Muskatnuss und ½ Teetasse Wein zu. Zum Wildbret servieren. Machen Sie Kartoffelkroketten, die Sie rund um die Schüssel verteilen.

Nr. 55.

PILZ-CATSUP.

Bevorzugt werden ausgewachsene Pilze. Geben Sie eine Schicht davon in eine tiefe Tonpfanne und bestreuen Sie sie mit Salz. dann eine weitere Schicht Pilze und noch mehr Salz, und so weiter, abwechselnd Salz und Pilze. Lassen Sie sie 2 bis 3 Stunden stehen. Dann ist das Salz vollständig durch die Pilze gegangen und lässt sich leicht zerbrechen. Dann zerstoßen Sie sie in einem Mörser oder zerstampfen Sie sie gut mit Ihren Händen und lassen Sie sie ein paar Tage (nicht länger) stehen, indem Sie sie jeden Tag umrühren und gut zerstampfen; Gießen Sie sie dann in ein Steingefäß und fügen Sie zu jedem Liter 1½ Unzen ganzen schwarzen Pfeffer und ½ Unze Piment hinzu; Verschließen Sie das Glas ganz dicht und stellen Sie es in einen Topf mit kochendem Wasser. 2 Stunden kochen lassen. Nehmen Sie das Glas heraus und entfernen Sie den Saft von Ablagerungen, indem Sie ihn durch ein Haarsieb in einen sauberen Topf gießen. ½ Stunde leicht kochen lassen. An einem trockenen, kühlen Ort aufbewahren; fest verkorken, sonst verdirbt es.

Nr. 56.

WALNUSS-CATSUP.

Nehmen Sie 6 halbe Siebe grüne Walnussschalen, geben Sie sie in eine Wanne, vermischen Sie sie gut mit Kochsalz (von 2 bis 3 Pfund), lassen Sie es 6 Tage lang stehen und schlagen Sie sie häufig. Nach einiger Zeit werden die Schalen weich und breiig. Wenn Sie die Schalen an einer Seite der Wanne nach oben schieben und die Wanne ein wenig kippen, läuft die Flüssigkeit auf die andere Seite. Das wird schön und klar sein. Hol es raus; Wiederholen Sie den obigen Vorgang, bis keine Flüssigkeit mehr gewonnen werden kann. Sie erhalten insgesamt etwa 6 Liter. Lassen Sie dies in einem Eisenkessel so lange köcheln, bis Schaum aufsteigt. Zerdrücken Sie ¼ Pfund Ingwer, ¼ Pfund Piment, 2 Unzen langer Pfeffer, 2 Unzen Nelken, geben Sie diese in die Flüssigkeit und lassen Sie sie ½ Stunde lang langsam kochen. Geben Sie beim Abfüllen in jede Flasche die gleiche Menge Gewürz. Lassen Sie die Flasche nach dem Verkorken gut auffüllen. Fest verkorken, verschließen und 1 Jahr an einem kühlen und trockenen Ort aufbewahren.

Nr. 57.

SENF SCHNELL GEMACHT.

Ganz allmählich vermischen und in einem Mörser 1 Unze Senfmehl, 3 Esslöffel Milch oder Sahne, ½ Teelöffel Salz und die gleiche Menge Zucker verreiben; aneinander reiben, bis eine glatte Masse entsteht.

Nr. 57.

Füllung für Kalbfleisch, Truthahn oder Ente.

Ein viertel Pfund Rindertalg, ¼ Pfund Semmelbrösel, 1 Bund Petersilie, 1½ Bund süßer Majoran oder Zitronenthymian, etwas geriebene Zitrone und möglichst fein gehackte Zwiebeln, etwas Pfeffer und Salz; Zusammen mit dem Eigelb und dem Eiweiß von 2 Eiern zerstampfen und mit einem Spieß im Kalbfleisch feststecken oder mit Nadel und Faden festnähen.

Nr. 58.

AUSTERNKATSU.

Nehmen Sie feine, frische Austern und waschen Sie sie in ihrer eigenen Flüssigkeit. überfliege es; Zerstoße sie in einem Marmormörser. zu 1 Pint Austern 1 Pint Sherrywein hinzufügen; koche sie auf; fügen Sie 1 Unze Salz, 2 Esslöffel zerstoßene Muskatblüte und 1 Esslöffel Cayennepfeffer hinzu; Nochmals aufkochen lassen, abschöpfen und durch ein Sieb streichen. Wenn es kalt ist, in Flaschen abfüllen, gut verkorken und verschließen.

Nr. 59.

GEFÜLLTE PAPRIKA.

Ein Dutzend grüne Paprika; Entfernen Sie alle Samen, nachdem Sie ein Stück von der Oberseite abgeschnitten haben. 1½ Stunden lang in kaltes Wasser legen; 1 Paar Kalbsbries , vorgekocht und enthäutet; 1 Dose Champignons, 1 Stange Sellerie, 1 Knoblauchzehe; Alles fein zerkleinern; ½ Laib Brot ohne Kruste. Feinen Pfeffer und Salz, etwas Muskatnuss und ½ Pfund Butter reiben. Alles gut vermischen; Die Paprika damit füllen. Legen Sie ein Stück fettes Schweinefleisch in Ihre Fettpfanne. Legen Sie die Paprika in das Fett. Vor dem Einschieben in den Ofen etwas geschmolzene Butter darüber geben und mit Mehl bestäuben. Wenn sie zu backen beginnen, gießen Sie etwas Wasser in die Pfanne und begießen Sie sie gut. Lassen Sie es eine halbe Stunde in einem stabilen Ofen backen. Gurken können auf die gleiche Weise gefüllt werden.

Nr. 60.

GEFÜLLTE WACHTELN.

Nehmen Sie ½ oder 1 Dutzend Wachteln. Entfernen Sie den Knochen wie bei entbeintem Truthahn. Pilze, Trüffel und Semmelbrösel hineingeben. Machen Sie diese Füllung mit Butter, Pfeffer und Salz feucht. Achten Sie darauf, sie fest zu stopfen; Binden Sie sie fest, aber nehmen Sie die Füße nicht ab. Nehmen Sie ein Stück gespicktes Schweinefleisch und binden Sie es an die Brust jedes Vogels, um es in Form zu halten. Dann in einer Backform backen, bemehlen und begießen. Wenn Sie fertig sind, bereiten Sie eine kleine Soße aus Johannisbeergelee, 1 Glas Wein und der Soße der Vögel zu. Legen Sie die Vögel auf ein Stück gebuttertes Toastbrot. Das Gericht mit Kresse garnieren.

Nr. 61.

Hammelkoteletts.

Nehmen Sie 1 Dutzend Hammelkoteletts. Nehmen Sie den Knochen aus dem Kotelett; Formen Sie es so, wie es war, bevor der Knochen herausgenommen wurde. Pfeffern und salzen Sie sie; Legen Sie sie in geschlagenes Ei und dann in Semmelbrösel. Geben Sie sie in eine Pfanne mit heißem Schmalz. zartbraun braten. Ein halbes Stück Spinat, gepflückt und geputzt, muss in kochendes Wasser gegeben werden. Lassen Sie es zehn Minuten kochen. In eine Pfanne mit kaltem Wasser geben; Nach dem Abkühlen gründlich ausdrücken. Sehr fein hacken; Mischen Sie einen Esslöffel Mehl, 1 Esslöffel Butter, Soße jeglicher Art oder farbiges Wasser mit gebranntem Zucker hinein. Mit Pfeffer, Salz und etwas Muskatnuss in einen Schmortopf geben. Zum Garen 10 Minuten dicht abdecken und dann weitere 5 Minuten ohne Deckel garen. Achten Sie darauf, dass es nicht anbrennt. Geben Sie den Spinat in die Mitte der Form und verteilen Sie die Koteletts rundherum. 3 Eier kochen; Schneiden Sie sie in Viertel und legen Sie sie um die Schüssel.

Nr. 62.

KÄSE-SOUFFLEE.

Nehmen Sie 3 Esslöffel Mehl, 1 Esslöffel Butter, etwas Hühnerwasser oder klares kochendes Wasser; Mehl und Butter cremig rühren, Hühnersuppe oder kochendes Wasser darüber gießen, bis etwa die Konsistenz einer Paste erreicht ist; Vom Feuer nehmen, abkühlen lassen, dann fein geriebenen Käse (oder englischen Käse) hineingeben, gleichzeitig 5 Eigelb gut im Teig verquirlt, etwas Cayennepfeffer und etwas Salz dazugeben; Schlagen Sie das Eiweiß zu einem steifen Schaum. Stellen Sie sie zusammen mit dem Teig, aber separat, an einen kühlen Ort. Wenn Sie das Abendessen einschicken, schlagen Sie das Eiweiß mit dem Teig und kochen Sie es in Formen , Pappbechern oder Puddingformen. so schnell wie möglich kochen lassen und direkt auf den Tisch servieren; muss heiß serviert werden.

Nr. 63.

PFLAUMENPUDDING-SAUCE.

Nehmen Sie ein Glas Sherry, ½ Glas Brandy oder Punschessenz, 2 Teelöffel zerstoßenen Würfelzucker, etwas geriebene Zitronenschale; Geben Sie alles in einen ¼ Pint dicker, geschmolzener Butter und reiben Sie die Muskatnuss darüber.

Nr. 64.

KAPERNSAUCE.

Ein Esslöffel Kapern und 2 Esslöffel Essig. Für die Zubereitung der Kapern ¹/₃ davon sehr fein hacken, den Rest halbieren; Legen Sie sie in ¼ Pint geschmolzene Butter oder angedickte Soße. Rühren Sie sie auf die gleiche Weise wie die geschmolzene Butter um, sonst wird sie ölig. Der Soße können einige Blätter fein gehackte Petersilie hinzugefügt werden; Halten Sie die Kapernflasche fest verschlossen. Verwenden Sie keinen Alkohol. Wenn die Kapern nicht gut damit bedeckt sind, verderben sie. Diese Soße wird zu einer gekochten Hammelkeule verwendet.

Nr. 65.

HUMMERSAUCE.

Wählen Sie einen feinen Hummer; lass es frisch sein; Koch es; Im Mörser den Laich und die rote Koralle herauspicken; ½ Unze Butter dazugeben, glatt klopfen, mit der Rückseite eines Holzlöffels durch ein Haarsieb reiben, Hummerfleisch in kleine Quadrate schneiden, zerstoßenen Laich in so viel geschmolzene Butter wie nötig geben und verrühren, bis alles gut vermischt ist; Geben Sie nun Hummerfleisch hinein und erhitzen Sie es auf dem Feuer. Lassen Sie es nicht kochen, da es dadurch seine rote Farbe verliert. Manche verwenden Kalbs- oder Rindersoße anstelle von geschmolzener Butter.

Nr. 66.

PILZSAUCE.

½ Pint Pilze pflücken und schälen; Waschen Sie es sauber und geben Sie es in einen Topf mit ½ Pint Kalbssauce oder Milch, etwas Pfeffer und Salz, 1 Unze Butter, eingerieben mit einem Esslöffel Mehl; Rühren Sie alles um, stellen Sie es auf ein sanftes Feuer und schmoren Sie es langsam, bis es weich ist. abschöpfen und abseihen.

Nr. 67.

PILZSAUCE – BRAUN.

Die Pilze in ½ Pint Rindersoße geben, mit Mehl und Butter andicken und wie oben verfahren.

Nr. 68.

TOMATENSAUCE.

Legen Sie die Tomaten, die gewaschene Brühe, die Zwiebel, die Petersilie und die Gewürze auf das Feuer. etwa 35 Minuten kochen lassen, bis ein Brei entsteht; durch ein feines Sieb reiben; Zum Feuer zurückkehren, erhitzen, die Butter einrühren und servieren.

Nr. 69.

CHROMSKIES.

Zwei Tassen Hähnchen, ½ Tasse Champignons, ½ Tasse Schinken, Eigelb von 2 Eiern, 1 kleine Zwiebel, 2 Esslöffel gehackte Petersilie, je 1 gestrichener Teelöffel Königspulver, Sellerie, Salz und Thymian, eine große Prise Salz, 1½ Esslöffel Butter und 2 Mehl, 1 Tasse Brühe. Die Zwiebel fein schneiden, im Schmortopf mit der Butter anbraten; Wenn die Masse tiefgelb ist, das Mehl hinzufügen und 2 Minuten rühren; Fügen Sie die kochende Brühe, die Gewürze und das Eigelb hinzu. 4 Minuten länger rühren; Fügen Sie das Geflügel, den Schinken und die in kleine Würfel geschnittenen Pilze hinzu. wegstellen, damit es durch Abkühlen fest wird; In feine Stücke schneiden, in gewöhnliche Butter tauchen und in reichlich heißem Schmalz 5 Minuten braten.

Nr. 70.

CABINET PUDDING A LA FRANCAISE.

Nehmen Sie ½ Pfund Löffelbiskuits und kratzen Sie die Kruste ab; dann buttern Sie sie; Nehmen Sie eine geriffelte Puddingform , bestreichen Sie sie gut mit Butter und stecken Sie die Löffelbiskuits rundherum hinein . Ein Viertel Pfund kandierte Kirschen, ¼ Pfund Zitronatzitrone, ¼ Pfund Rosinen mit herausgezupften Kernen, ¼ Pfund sauber gewaschene Johannisbeeren, ½ Dutzend Makkaroni. Nehmen Sie die Reste und den Rest der Löffelbiskuits, lassen Sie 8 für die Oberseite übrig und geben Sie alle Früchte in diese trockenen Krümel. Alles mit einer Schicht Butter in die Form geben . Kurz bevor Sie es zum Kochen bringen, nehmen Sie 5 Eiweiße und 7 Eigelb von 7 Eiern, 1 Liter Milch und bereiten Sie eine Vanillesoße zu, je nach Geschmack gesüßt. Gießen Sie es über den Kuchen und die Früchte in der Form . 2½ Stunden lang langsam kochen lassen. Nehmen Sie einen Becher Jamaika-Rum, 1 Becher Milch und 2 Eier und bereiten Sie eine Sauce zu. Rühren, bis es fast zum Kochen kommt, und heiß servieren. Nehmen Sie die 2 Eiweiße, die von den 7 zuvor verwendeten Eiern übrig geblieben sind, schlagen Sie sie sehr leicht und geben Sie sie auf den Pudding, wenn Sie ihn aus der Form nehmen . Geben Sie ein paar kandierte Kirschen darüber. Heiß servieren.

Nr. 71.

FISCHPUDDING.

Drei Pfund Stein, kochen Sie es noch nicht ganz genug zum Servieren; Hol es raus; lass es abkühlen; dann die ganze Haut abziehen; Nehmen Sie den Fisch in feinen Stücken von den Gräten, nicht zerstampft; ½ Dose Trüffel; 1 Dose Pilze; die Trüffel schälen; Schneiden Sie die größten Trüffel und Pilze mit kleinen Ausstechern in Rosen- und Sternform. Nehmen Sie eine geriffelte 3-Pint- Puddingform , fetten Sie sie gut ein und legen Sie die Formen rundherum in die Form . Die meisten Pilze mit etwas Petersilie sehr fein schneiden und zum Fisch geben; Die Trüffel müssen in Stücke geschnitten und in die Soße gegeben werden. ½ Pint Milch, ein voller Esslöffel Mehl, mittelgroßer Esslöffel Butter; Mehl und Butter vermischen; die Milch zum Kochen bringen; dann gieße es in das Mehl und die Butter; dann alles über den Fisch gießen; Pfeffer und Salz hineingeben; Fisch in eine Form geben ; Decken Sie es gut ab und legen Sie es in einen Topf mit kochendem Wasser, sodass zwei Drittel der Ränder der Form hoch sind , und lassen Sie es eine halbe Stunde lang dämpfen. Nehmen Sie ½ Pint Sahne und Pilzwasser; lege es zum Kochen auf das Feuer; Jeweils einen Esslöffel Mehl und Butter verreiben; Alles vermischen, den Rest der Trüffel und Pilze dazugeben und alles 10 bis 15 Minuten kochen lassen; mit Pfeffer und Salz würzen; 1 Liter französische Kartoffeln; kochen Sie sie in Salz und Wasser; Wenn es fertig ist, durch ein Sieb passieren. Wenn es Zeit ist, den Fischpudding zu servieren, gießen Sie den Fisch auf die Platte und verteilen Sie die Kartoffeln rund um die Schüssel. Servieren Sie die Soße in einer Saucenschüssel.

Nr. 72.

SNIPE PUDDING.

Pflücken Sie 8 feine, fette, frische Bekassinen; versenge sie; halbieren; Nehmen Sie die Mägen heraus und reservieren Sie den Weg für die weitere Nutzung. Die Schnepfen mit Pfeffer, Salz und Zitronensaft würzen und bis zum Verzehr beiseite stellen. eine halbe Zwiebel schälen; in dünne Scheiben schneiden und in einer Schmorpfanne mit etwas Butter anbraten; Wenn es gebräunt ist, einen Esslöffel Mehl hinzufügen; 3 Minuten lang auf dem Feuer verrühren; Fügen Sie eine Handvoll gehackte Pilze und Petersilie, ein kleines Lorbeerblatt, einen Zweig Thymian, etwas Muskatblüte und eine kleine Silberzwiebel hinzu; 1 Pint Rotwein hineingeben; Rühren Sie das Ganze auf dem Feuer um und fügen Sie, wenn es 10 Minuten lang gekocht ist, die Spur und ein kleines Stück Frühstücksspeck hinzu. Lassen Sie die Soße 3 Minuten länger kochen und reiben Sie die Schnepfen durch das Sieb. Eine Puddingschüssel mit Talgpaste auslegen; Füllen Sie es mit dem, was Sie vorbereitet haben, und lassen Sie es, wenn es mit der am Rand gut befestigten Paste bedeckt ist, 2½ Stunden lang in einem abgedeckten Schmortopf dünsten. Wenn Sie fertig sind, vorsichtig aus dem Becken stürzen; Eine kräftige braune Wildsauce daruntergießen und servieren.

<h3 align="center">Nr. 73.</h3>

<h2 align="center">BEEFSTEAK PUDDING.</h2>

Paste, 2½ Pfund rundes Steak, je 1 gestrichener Teelöffel Selleriesalz, Thymian und Majoran, 1 kleine Zwiebel, Salz und weißer Pfeffer nach Geschmack, 4 Zweige Petersilie. Eine gut gebutterte Puddingform mit der Paste auslegen, die Ränder befeuchten, eine Schicht Rindfleisch darauf legen, ordentliche Jakobsmuscheln schneiden, mit fein gehackten Zwiebeln und Petersilie bestreuen und auf einem Teller mit Selleriesalz, Thymian, Majoran, Salz und Pfeffer vermischen , dann eine weitere Schicht Rindfleisch und Gewürze usw., bis jede Schicht aufgebraucht ist; Mit kaltem Wasser auffüllen, mit Teig bedecken, ein mit Butter bestrichenes Papier darüber legen und in einen Topf mit kochendem Wasser stellen, sodass die Form bis zu zwei Dritteln bedeckt ist . So 2½ Stunden dünsten, vorsichtig auf einen Teller stürzen, eventuell vorhandene Bratensoße darübergießen, heiß zubereiten und mit einer beliebigen pikanten Soße abschmecken .

<h3 align="center">Nr. 74.</h3>

<h2 align="center">BOSTON GEBACKENER PFLAUMENPUDDING.</h2>

Eineinhalb Tassen Rindertalg, von der Haut befreit und sehr fein gehackt, 1½ Tassen entsteinte Rosinen, 1½ Tassen gewaschene und gepflückte Johannisbeeren, 1 Tasse brauner Zucker, 2 Tassen Mehl, 1 Teelöffel Backpulver, 4 Eier, 1 Tasse Milch , ½ Tasse gehackte Zitronen, eine Prise Salz, 1 Esslöffel Muskatnussextrakt, 1 Glas Brandy. Alle diese Zutaten in eine Schüssel geben: die Eier, wenn sie aus der Schale fallen, das mit dem Pulver gesiebte Mehl und den Brandy; zu einem eher kurzen Teig verrühren; In eine gut gebutterte, saubere Kuchenform füllen und zwei Stunden im heißen Ofen backen. Mit Vanillesoße servieren.

Nr. 75.

VANILLESAUCE.

Geben Sie ½ Pint Milch in einen kleinen Topf über dem Feuer. Wenn es kochend heiß ist, fügen Sie das Eigelb von drei Eiern hinzu und rühren Sie, bis es so dick wie gekochter Vanillepudding ist. Nach dem Herausnehmen und Abkühlen 1 Esslöffel Vanilleextrakt und Eiweiß aus zwei steif geschlagenen Eiern hinzufügen.

Nr. 76.

CABINET PUDDING, 2.

Vier englische Muffins oder Brötchen, ½ Pint Milch, 1 Pint Sahne, 4 Eier und 4 Eigelb, 1 Tasse Zucker; ½ Tasse Mandeln blanchieren, mit kochendem Wasser übergießen, bis sich die Schale leicht ablösen lässt, und in Stücke schneiden; Jeweils 1 Tasse getrocknete Kirschen, Aprikosen, Grünkohl oder andere konservierte, ganze oder in der Pfanne angerichtete Früchte; 1 Glas Noyeau . Nun eine Form mit Butter bestreichen ; Machen Sie eine Schicht Muffins, die sehr dünn geschnitten ist, dann eine Schicht Obst, Mandeln usw., bis alle Zutaten aufgebraucht sind. Milch, Sahne, Zucker, Eier und Noyeau verrühren ; Den Inhalt der Form darübergießen und vor dem Backen mindestens eine halbe Stunde ruhen lassen. Dann in einen Topf mit kochendem Wasser geben, bis die Form zu zwei Dritteln gefüllt ist . dämpfen Sie es so eine Stunde lang; Vorsichtig auf einen Teller stürzen und mit Sahnesoße servieren.

Nr. 77.

CREMESAUCE.

2/3 Pint Sahne langsam zum Kochen bringen ; in einen Topf mit kochendem Wasser geben; Wenn es den Siedepunkt erreicht, den Zucker hinzufügen; Gießen Sie es dann langsam auf das geschlagene Eiweiß in einer Schüssel. 1 Teelöffel Royal-Extrakt-Vanille hinzufügen und verwenden.

Nr. 78.

GRÜNER MAISPUDDING.

Acht Ährenmais, 1 großer Teelöffel Butter, ½ Tasse Zucker, eine Prise Salz, 2 Eier, 1 Pint Milch, 1 Teelöffel königlicher Vanilleextrakt. Teilen Sie jede Reihe der Kolben der Länge nach; Schneiden Sie die abgerundete Spitze ab und drücken Sie mit dem Löffelstiel die Augen und die Sahne in eine Schüssel. Fügen Sie der heißen Milch die gut geschlagenen Eier, den Zucker, die Butter und den Extrakt hinzu. Gießen Sie es in eine gebutterte Form und backen Sie es 40 Minuten lang bei mittlerer Hitze.

Nr. 79.

PFLAUMENPUDDING.

Zwei Tassen Rosinen, 2 Tassen Johannisbeeren, 2 Tassen Talg, ½ Tasse blanchierte Mandeln, 2 Tassen Mehl, 2 Tassen geriebener Königszucker, Muffins oder Brot; Jeweils eine halbe Tasse Zitronatzitrone, Orange und Zitronenschale; 8 Eier, 1 Tasse Zucker, ½ Tasse Sahne, je 1 Kieme Wein und Brandy, eine große Prise Salz, 1 Esslöffel Royal-Muskatnussextrakt, 1 Teelöffel Royal-Backpulver. Die entkernten Rosinen, die gewaschenen und gepflückten Johannisbeeren, den sehr fein gehackten Talg, die fein geschnittenen Mandeln, die gehackten Zitronen-, Orangen- und Zitronenschalen, die Zitrone, den Zucker, den Wein, den Brandy und die Sahne in eine große Schüssel geben. Zum Schluss das gesiebte Mehl mit dem Pulver dazugeben und alles gut vermischen. Geben Sie es in eine große, gut gebutterte Form , stellen Sie es in einen Topf mit kochendem Wasser, bis es bis zur Hälfte an den Rand der Form reicht , und lassen Sie es fünf Stunden lang dünsten. Vorsichtig auf den Teller stürzen und mit heißer Brandysauce servieren.

Nr. 80.

TAPIOKA-PUDDING.

über Nacht in 1 Liter kaltem Wasser eingeweicht , 1 Tasse Zucker, 1½ Liter Milch und 4 Eier.

Nr. 81.

CABINET PUDDING, 1.

Ein halbes Pfund altbackener Biskuitkuchen, eine halbe Tasse Rosinen, eine halbe Dose Pfirsiche, vier Eier und ein halber Liter Milch. Eine einfache ovale Form mit Butter bestreichen ; etwas vom altbackenen Kuchen, 1/3 der entkernten Rosinen, 1/3 der Pfirsiche hineinlegen ; Aus dem restlichen Kuchen, den Rosinen und den Pfirsichen zwei Schichten formen; Mit einer sehr dünnen Scheibe Brot bedecken, dann die mit Eiern und Zucker verquirlte Milch darübergießen; In einen Topf mit kochendem Wasser geben, so dass es bis zu zwei Dritteln über den Rand der Form reicht . 3/4 Stunde dämpfen und vorsichtig auf einem Teller anrichten. Mit Pfirsichsauce servieren.

Nr. 82.

PUDDING.

Eineinhalb Liter Milch, 4 Eier, 1 Tasse Zucker, 2 Teelöffel Royal-Vanille-Extrakt. Eier und Zucker verrühren; Mit der Milch verdünnen und extrahieren; In eine mit Butter bestrichene Puddingform gießen und in einer Fettpfanne, die zu zwei Dritteln mit kochendem Wasser gefüllt ist, in den Ofen stellen. backen, bis es fest ist, etwa 40 Minuten, in einem mäßigen Ofen.

Nr. 83.

PFLAUMENPUDDING.

zwei Tassen entsteinte Rosinen und Johannisbeeren, gewaschen und gepflückt, fein gehackter Rindertalg und Kaffeezucker, 3 Tassen geriebene englische Muffins oder Brot, 8 Eier, je 1 Tasse, gehackte Zitronen und Mandeln, blanchiert, indem man sie mit kochendem Wasser übergießt bis sich die Schale leicht ablösen lässt, 1 Zitronenschale und eine Prise Salz. Mischen Sie alle diese Zutaten in einer großen Schüssel, geben Sie sie in eine gut gebutterte Form , stellen Sie sie in einen Topf mit kochendem Wasser, bis der Rand zu zwei Dritteln reicht, und lassen Sie das Ganze 5 Stunden lang dämpfen. Vorsichtig auf den Teller stürzen und mit Brandy übergossen und Brandysauce in einer Schüssel servieren. Beim Servieren sollte der Brandy angezündet werden.

Nr. 84.

REISPUDDING.

Eine Tasse Reis, 1 Liter Milch, 4 Eier, 1 Esslöffel Butter, 1 Tasse Zucker und eine Prise Salz. Kochen Sie den Reis in 1 Pint Milch, bis er weich ist, und nehmen Sie ihn dann vom Feuer. Eier, Zucker, Salz und Milch hinzufügen und verrühren. In eine Puddingform gießen, die Butter auf der Oberfläche in kleine Stücke brechen und 30 Minuten im Backofen backen. Mit Brandysauce servieren.

Nr. 85.

Vanillesoße.

Ein halber Liter Milch, Eigelb von 4 Eiern, ½ Tasse Zucker. Das Feuer anzünden und rühren, bis eine dicke Masse entsteht.

Nr. 86.

KÖNIGLICHE WEINSAUCE.

Bringen Sie langsam ein halbes Liter Wein zum Sieden, geben Sie dann das Eigelb von vier Eiern und eine Tasse Zucker hinzu. Schlagen Sie es auf dem Feuer, bis es stark schaumig und etwas dickflüssig ist. entfernen und wie angegeben verwenden.

Nr. 87.

PRINCESS PUDDING.

Zwei Drittel einer Tasse Butter, 1 Tasse Zucker, 1 große Tasse Mehl, 3 Eier, ½ Teelöffel Royal-Backpulver und ein kleines Glas Brandy. Butter und Zucker zu einer glatten Creme verrühren, die Eier nacheinander dazugeben und einige Minuten dazwischen verrühren; Das gesiebte Mehl mit dem Pulver und dem Brandy hinzufügen; In eine gut mit Butter bestrichene Form geben ; in einen Topf mit kochendem Wasser geben, bis er bis zur Hälfte des Randes reicht; So 1½ Stunden dämpfen, vorsichtig auf dem Teller wenden und mit Zitronensauce servieren.

Nr. 88.

YORKSHIRE PUDDING.

Dreiviertel Pint Mehl, 3 Eier, 1½ Pints Milch, eine Prise Salz, 1½ Teelöffel Royal-Backpulver. Mehl und Pulver zusammen sieben, geschlagene Eier und Milch dazugeben; Schnell in einen etwas dünneren Teig einrühren als bei Grillkuchen; Gießen Sie es in eine Fettpfanne und bestreichen Sie es reichlich mit kaltem Rinderfett. 25 Minuten im Ofen backen. Mit Roastbeef servieren.

Nr. 89.

COTTAGE PUDDING.

Machen Sie einen Biskuitkuchen – etwa einen ½ Pfund schweren Biskuitkuchen; ¼ Pfund Mandeln, blanchieren. Wenn der Kuchen fertig ist, kleben Sie diese Mandeln darüber. Gießen Sie ½ Pint Sherrywein darüber. Decken Sie es ab und stellen Sie es bis zum Servieren weg. Nehmen Sie 1 Liter Milch, kochen Sie sie, 7 Eigelb; Mit Zucker mischen, um Zitronen- oder Vanilleessenz abzuschmecken. Wenn die Milch kocht, gießen Sie sie über die Eier. Gießen Sie es in einen Topf und lassen Sie es fast zum Kochen kommen, damit es eindickt. Nehmen Sie es vom Feuer und stellen Sie es in einen Kühlschrank, damit es abkühlen kann. Das Eiweiß zu steifem Schaum schlagen; Geben Sie etwas Apfel-, Himbeer- oder Johannisbeergelee oder eine andere Konfitüre hinein und verrühren Sie es. Wenn Sie servierfertig sind, gießen Sie die Vanillesoße auf den Kuchen und verteilen Sie die Glasur auf der ganzen Vanillesoße.

Nr. 90.

VERMICELLI-PUDDING.

1 Pint Milch mit Zitronenschale und Zimt aufkochen, mit Laibzucker süßen, durch ein Sieb passieren und ¼ Pfund Fadennudeln hinzufügen; 10 Minuten kochen lassen, das Eigelb von 5 Eiern und das Eiweiß von 3 Eiern hinzufügen. Gut vermischen und 1¼ Stunden dämpfen. ½ Stunde backen.

Nr. 91.

Gekochte Vanillepudding.

Geben Sie 1 Liter neue Milch in einen Topf, dazu die Schale einer sehr dünn geschnittenen Zitrone, etwas geriebene Muskatnuss, ein Lorbeer- oder Lorbeerblatt und eine kleine Zimtstange. Über einem schnellen Feuer anzünden. Lass es nicht überkochen. Wenn es kocht, stellen Sie es auf eine Seite des Herdes. 10 Minuten köcheln lassen. Das Eigelb von 8 Eiern und das Eiweiß von 4 Eiern in einer Schüssel aufschlagen; Schlage sie gut; Dann nach und nach die Milch hinzufügen und so schnell wie möglich umrühren, damit die Eier nicht gerinnen. Wieder das Feuer anzünden und umrühren. Einmal aufkochen lassen; Durch ein feines Sieb passieren. Wenn es kalt ist, fügen Sie Brandy oder Weißwein hinzu. In Gläsern oder Tassen servieren. Über Pudding zum Backen wird etwas Muskatnuss gerieben. 15 oder 20 Minuten backen.

Nr. 92.

RÖMISCHER PUNCH.

Bereiten Sie 2 Liter Limonade zu, vermischen Sie sie mit dem reinen Zitronensaft und fügen Sie dazu 1 Esslöffel Zitronenextrakt hinzu; Gut verarbeiten und einfrieren; kurz vor dem Servieren und für jeden Liter Eis ½ Pint Cognac und ½ Pint Jamaica-Rum. Gut vermischen und in hohen Gläsern servieren, da so ein sogenanntes Semi- oder Half-Eis entsteht. Es wird normalerweise beim Abendessen als Coup d'milieu serviert .

Nr. 93.

TRANSPARENTER Zuckerguss.

Geben Sie 1 Pfund pulverisierten Weißzucker in eine Schüssel mit ½ Pint Wasser. Bis zur Konsistenz von Schleim aufkochen, dann den Zucker mit einem Holzspatel gegen die Seiten der Pfannen reiben, bis er ein milchiges Aussehen annimmt. 2 Esslöffel Vanilleextrakt einrühren; gut vermischen. Gießen Sie dies noch heiß über den Kuchen, so dass dieser vollständig bedeckt ist.

Nr. 94.

KAFFEE-EIS.

Ein Viertel Sahne, ½ Pint starker Mokkakaffee, 14 Unzen weißer Puderzucker, 8 Eigelb. Mischen Sie diese Zutaten in einer mit Porzellan ausgekleideten Schüssel. zum Eindicken ins Feuer stellen; durch ein Haarsieb in eine Schüssel reiben; in den Gefrierschrank geben und einfrieren.

Nr. 95.

ITALIENISCHES ORANGENEIS.

Eineinhalb Pints beste Sahne, 12 Unzen weißer Puderzucker, der Saft von 6 Orangen und 2 Teelöffel Orangenextrakt, das Eigelb von 8 Eiern und eine Prise Salz. Mischen Sie diese Zutaten in einer mit Porzellan ausgelegten Schüssel und rühren Sie über dem Feuer, bis die Masse einzudicken beginnt. verreiben und die Creme durch ein Haarsieb passieren; In den Gefrierschrank stellen und fertig stellen.

Nr. 96.

HIMBEERWASSEREIS.

Pressen Sie so viel Himbeeren durch ein Haarsieb, dass 3 Liter Saft entstehen. Fügen Sie 1 Pfund pulverisierten weißen Zucker und den Saft einer Zitrone hinzu. In den Gefrierschrank stellen und einfrieren.

Nr. 97.

SCHOKOLADENEIS.

Drei Pints beste Sahne, 12 Unzen pulverisierter weißer Zucker, 4 ganze Eier, ein Esslöffel Vanilleextrakt, ein Pint reichhaltige Schlagsahne, 6 Unzen Schokolade; In einer kleinen Menge Milch zu einer glatten Paste auflösen; Nun mit Sahne, Zucker, Eiern und Extrakt vermischen. Alles auf das Feuer legen und umrühren, bis es anfängt einzudicken; Durch ein Haarsieb passieren, in den Gefrierschrank stellen und, sobald es fast gefroren ist, leicht die Schlagsahne unterrühren.

Nr. 98.

ZITRONENWASSEREIS.

Saft von 6 Zitronen, 2 Teelöffel Zitronenextrakt, 1 Liter Wasser, 1 Pfund Kristallzucker, 1 Kiemensahne; Alles zusammenfügen und abseihen. Einfrieren wie Eis.

Nr. 99.

ORANGENES WASSEREIS.

Saft von 6 Orangen, 2 Teelöffel Orangenextrakt, Saft von 1 Zitrone, 1 Liter Wasser, 1 Pfund Kristallzucker, 1 Kiemensahne; Alles zusammenfügen und abseihen. Einfrieren wie Eis.

Nr. 100.

SULTANA-KUCHEN.

Zwei Tassen Butter, 1½ Tassen Zucker, 6 Eier, ½ Tasse dicke Sahne, 1½ Pint Mehl, 1 Teelöffel Backpulver, 4 Tassen Sultaninen, ½ Tasse gehackte Zitrone. Butter und Zucker zu einer sehr leichten Creme verrühren; Fügen Sie die Eier hinzu, jeweils 2, und schlagen Sie zwischen jeder Zugabe 5 Minuten lang. Fügen Sie das mit dem Pulver gesiebte Mehl, die Sahne, die Rosinen und die Zitrone hinzu. Zu einem ziemlich festen Teig verrühren, in eine mit Papier ausgelegte Kuchenform geben und 1¼ Stunden bei mittlerer Hitze backen. Nach dem Herausnehmen aus dem Ofen vorsichtig etwas transparente Glasur darauf verteilen.

Nr. 101.

BUNTE KUCHEN.

Eine Tasse Puderzucker, ½ Tasse Butter mit Zuckercreme, ½ Tasse Milch, 4 Eier, nur das Eiweiß geschlagen, leicht geschlagen; 2½ Tassen zubereitetes Mehl, Bittermandelaroma, Spinatsaft und Cochenille, Sahne, Butter und Zucker; Milch, Aroma, Eiweiß und Mehl hinzufügen. Teilen Sie Letzteres in drei Teile. Zerdrücken und zerstoßen Sie ein paar Blätter Spinat in dünne Musselinbeutel, bis sich der Saft ausdrücken lässt. Geben Sie ein paar Tropfen davon in eine Portion Teig. Färben Sie einen weiteren mit Cochenille und lassen Sie den dritten weiß. Geben Sie jeweils etwas davon in kleine runde Pfannen oder Tassen und rühren Sie jede Farbe ein wenig um, während Sie die nächste hinzufügen. Dadurch werden die Kuchen hübsch geädert. Platzieren Sie das Weiß zwischen Rosa und Grün, damit die Farbtöne besser zur Geltung kommen. Wenn Sie Pistazien für das Grün zerstoßen können, werden die Kuchen viel schöner. Eis an den Seiten und oben.

Nr. 102.

SCHWEIZER PFANNKUCHEN.

Eine halbe Tasse Butter, ½ Tasse Zucker, 1½ Tasse Mehl, 1 Teelöffel Backpulver, 1 großer Apfel geschält, entkernt und fein gehackt, ½ Pint Milch, ½ Pint Sahne, je 1 Teelöffel Muskatnuss- und Zimtextrakt, 4 Eier. Das Mehl mit dem Pulver sieben, die geschmolzene Butter, den Zucker und die Eier hinzufügen und mit Milch, Sahne und Extrakten verdünnen. Lassen Sie ein Stück Butter in einer kleinen runden Bratpfanne schmelzen und gießen Sie etwa eine halbe Tasse Butter hinein. Drehen Sie die Bratpfanne um, damit der Teig sie bedecken kann. nur auf einer Seite anbraten. Servieren Sie sie übereinander gestapelt und mit Zucker zwischen den Kuchen.

Nr. 103.

DEUTSCHE PFANNKUCHEN.

Gehen Sie wie für Schweizer Pfannkuchen beschrieben vor, verteilen Sie die Gebäckcreme dazwischen und servieren Sie sie mit Johannisbeergelee-Sauce.

Nr. 104.

SCOTCH PANCAKES.

halber Liter Milch, 2 Esslöffel Butter, 4 Eier, $^{2/3}$ Tasse Mehl, 1 Esslöffel Backpulver; eine Prise Salz; Mehl, Salz und Pulver zusammen sieben, Milch,

Eier und geschmolzene Butter hinzufügen; zu einem dünnen Teig verrühren; Nehmen Sie sich eine kleine runde Bratpfanne mit etwas geschmolzener Butter. ½ Tasse Teig hineingießen; Drehen Sie die Pfanne um, sodass sie mit dem Teig bedeckt ist. auf ein scharfes Feuer stellen, bis es braun wird; dann halte ihn vor das Feuer, und der Pfannkuchen wird aufgehen; Jeweils mit Marmelade oder Gelee bestreichen, aufrollen und mit Zitronenscheiben und Zucker servieren.

Nr. 105.

FRANZÖSISCHE PFANNKUCHEN.

Sechs Esslöffel Mehl, 1 Liter Milch, 5 Eier, 1 Teelöffel Backpulver, 1 Esslöffel Butter, zwei Esslöffel Zucker, Muskatnuss nach Geschmack; Mehl, Eier, Butter, Zucker und 1 Pint Milch vermischen, sodass ein dicker Teig entsteht; Gießen Sie den anderen halben Liter Milch hinzu, fügen Sie das Pulver hinzu und servieren Sie es entweder mit Wein oder Sahnesauce.

Nr. 106.

KÜRBISKUCHEN.

Paste, 1 Pint gedünsteter Kürbis, 3 Eier, 1½ Pint Milch, 2 Teelöffel Ingwer, je 1 Teelöffel Muskatnuss, Nelken, Zimt und Muskatblüte, eine Prise Salz und 1 Tasse Zucker. Den Kürbis wie folgt schmoren: Einen Kürbis von kräftiger Farbe, fester und dichter Konsistenz halbieren; Entfernen Sie die Kerne, aber schälen Sie sie nicht. In kleine Scheiben schneiden und mit etwa einer halben Tasse Wasser in einen flachen Schmortopf geben. Decken Sie es sehr leicht ab und stellen Sie es, sobald sich Dampf bildet, an einen Ort, an dem es nicht anbrennt. Wenn der Kürbis weich ist, stellen Sie die Flüssigkeit ab und stellen Sie ihn zum Dampftrocknen wieder auf den Herd. Dann messen Sie nach dem Abseihen einen halben Liter ab. Die kochende Milch, den mit den Gewürzen und Salz vermischten Zucker dazugeben und gut vermischen; fügen Sie die zuletzt geschlagenen Eier hinzu; Eine gut gefettete Tortenplatte mit der Paste auslegen; Machen Sie einen dicken Rand um den Rand, gießen Sie den vorbereiteten Kürbis hinein und backen Sie ihn im schnellen, gleichmäßigen Ofen etwa 30 Minuten lang, bis der Kuchen in der Mitte fest ist.

Nr. 107.

Ingwerkuchen.

Dreiviertel einer Tasse Butter, 2 Tassen Zucker, 4 Eier, 1½ Teelöffel Backpulver, 1½ Pinten Mehl, 1 Tasse Milch, 1 Esslöffel Ingwerextrakt; Butter und Zucker zu einer hellen Creme verrühren, jeweils 2 Eier dazugeben und jeweils 5 Minuten verrühren; Fügen Sie das mit dem Pulver gesiebte Mehl, die Milch und den Extrakt hinzu; zu einem glatten, mittelgroßen Teig verrühren; In einer Kuchenform im ziemlich heißen Ofen 40 Minuten backen.

Nr. 108.

HEIDELBEERKUCHEN.

Eine Tasse Butter, 2 Tassen brauner Zucker, 4 Eier, 1½ Pints Mehl, 2 Teelöffel Backpulver, 2 Tassen gewaschene und gepflückte Heidelbeeren, je 1 Teelöffel Nelken-, Zimt- und Pimentextrakt, eine Tasse Milch; Butter und Zucker zu einer hellen Creme verrühren; Fügen Sie jeweils 2 Eier hinzu und schlagen Sie dazwischen 5 Minuten lang. Mit dem Pulver gesiebtes Mehl, Heidelbeeren und Extrakte hinzufügen und vermischen. einen Teig untermischen; In eine mit Papier ausgelegte Kuchenform geben und im Schnellofen 50 Minuten backen.

Nr. 109.

JUMBLES.

Eineinhalb Tassen Butter , 2 Tassen Zucker, 6 Eier, 1½ Pints Mehl, ½ Tasse Maisstärke, 1 Teelöffel Backpulver, 1 Teelöffel Zitronenextrakt, ½ Tasse gehackte Erdnüsse gemischt mit ½ Tasse Kristallzucker; Butter und Zucker glatt rühren; Fügen Sie die geschlagenen Eier, das Mehl, die Maisstärke und das gesiebte Pulver sowie den Extrakt hinzu; das Brett bemehlen; Den Teig eher dünn ausrollen; Mit Keksausstecher ausstechen; Die gehackten Erdnüsse und den Zucker hineinrollen; Auf eine gefettete Backform legen; Im ziemlich heißen Ofen 8 bis 10 Minuten backen.

Nr. 110.

Weißer Biskuitkuchen.

Eiweiß aus 8 Eiern, 1 Tasse Zucker, ½ Tasse Mehl, ½ Maisstärke, 1 Teelöffel Backpulver, 1 Teelöffel Rosenextrakt; Mehl, Maisstärke, Zucker und Pulver zusammen sieben; Fügen Sie es dem zu einem trockenen Schaum geschlagenen Eiweiß und dem Extrakt hinzu und vermischen Sie es vorsichtig, aber gründlich. In einer gut gebutterten Kuchenform im Schnellofen 30 Minuten backen .

Nr. 111.

MADELAINES.

Eine Tasse Butter, 1 Tasse Zucker, 3 Eier, 1½ Tassen Mehl, ½ Teelöffel Backpulver, 1 Glas Brandy, 1 Teelöffel Zimtextrakt, Butter in einer Kuchenschüssel leicht schmelzen lassen; Zucker und Eier hinzufügen; ein paar Minuten rühren; Das gesiebte Mehl mit dem Pulver, dem Extrakt und dem Brandy hinzufügen; zu einem Teig verrühren, der fast zerläuft; In gut gefetteten Muffinformen bei mittlerer Hitze 20 Minuten backen; Gießen Sie oben auf jeden etwas transparenten Zuckerguss, um ihn zu bedecken, und fügen Sie ein paar farbige Zuckerguss hinzu.

Nr. 112.

KÖNIGIN-KUCHEN.

Zwei Tassen Butter, 2½ Tassen Zucker, 1½ Pints Mehl, 8 Eier, ½ Teelöffel Backpulver, je 1 Weinglas Wein, Brandy und Sahne, ½ Teelöffel Muskatnuss-, Rosen- und Zitronenextrakt, 1 Tasse getrocknete Johannisbeeren, gewaschen und gepflückt, 1 Tasse Rosinen, entsteint und in zwei Teile geschnitten; 1 Tasse Zitrone, in kleine, dünne Scheiben geschnitten; Butter und Zucker zu einer sehr hellen Creme verrühren; Fügen Sie die Eier hinzu, jeweils 2, und schlagen Sie zwischen jeder Zugabe 5 Minuten lang. Fügen Sie das gesiebte Mehl mit dem Pulver, den Rosinen, den Johannisbeeren, dem Wein, dem Schnaps, der Sahne, der Zitrone und den Extrakten hinzu. Zu einem gleichmäßigen Teig verrühren und vorsichtig in einer mit Papier ausgelegten Kuchenform bei mäßiger, gleichmäßiger Hitze 1½ Stunden lang backen.

Nr. 113.

CREMEKUCHEN.

Zehn Eier, ½ Tasse Butter, ¾ Pfund Mehl, 1 Pint Wasser, 1½ Pints Milch, 3 große Esslöffel Maisstärke, 2 Tassen Zucker, Eigelb von 5 Eiern, 1 großer Esslöffel gute Butter und 2 Teelöffel voll der Extrakt aus Vanille; Stellen Sie das Wasser in einem Schmortopf mit der Butter auf das Feuer. Sobald es kocht, das gesiebte Mehl mit einem Holzlöffel unterrühren; Kräftig umrühren, bis es den Boden und die Seiten der Pfanne verlässt, wenn man es vom Feuer nimmt, und die Eier einzeln unterrühren. Geben Sie diesen Teig in einen spitzen Leinenbeutel mit einer Düse am kleinen Ende. Den Teig auf einer gefetteten Backform mit etwas Abstand fingerförmig ausdrücken; im Backsteinofen 20 Minuten backen; Wenn es kalt ist, die Seiten abschneiden und mit Konditorcreme füllen.

Nr. 114.

GEBÄCKCREME.

Die Milch mit dem Zucker zum Kochen bringen; fügen Sie die in etwas Wasser gelöste Stärke hinzu; Sobald es wieder kocht, nehmen Sie es vom Feuer; Eigelb unterrühren; 2 Minuten zurück zum Feuer stellen, um die Eier zu setzen; Extrakt und Butter hinzufügen; wenn es kalt ist, verwenden Sie es.

Nr. 115.

SCHOKOLADENCREME.

Tassen Zucker, ½ Tasse geriebene Schokolade in einem kleinen Topf anzünden ; kochen, bis es dick wird und samtig aussieht; Nehmen Sie dann den Herd ab und fügen Sie das Eiweiß von zwei Eiern hinzu, ohne es zu schlagen: Verwenden Sie es heiß und bedecken Sie die Oberseite und die Seiten des Kuchens. Beim Abkühlen wird es fester.

Nr. 116.

Biskuitkuchen, Nr. 2.

Sechs Eier, 3 Tassen Zucker, 4 Tassen Mehl, 2 Teelöffel Backpulver, 1 Tasse kaltes Wasser, eine Prise Salz, 1 Teelöffel Zitronenextrakt. Eier und Zucker 5 Minuten lang verrühren ; Das gesiebte Mehl mit dem Salz und Pulver, dem Wasser und dem Extrakt hinzufügen; in einer flachen, quadratischen Kuchenform in einem schnellen, gleichmäßigen Ofen 35 Minuten backen; Wenn Sie es aus dem Ofen nehmen, bestreichen Sie es mit klarer Glasur, bestehend aus 1 Tasse Zucker, 1 Esslöffel Zitronensaft und Eiweiß von 2 Eiern. vermischen, glatt streichen und über den Kuchen gießen. Wenn der Kuchen nicht heiß genug ist, um ihn zu trocknen, legen Sie ihn in die Öffnung eines mäßig warmen Ofens.

Nr. 117.

GEWÜRZKUCHEN.

Eine Tasse Butter, 2 Tassen Zucker, 3 Tassen Mehl, 1 Teelöffel Backpulver, 2 Eier, 1 Tasse Milch, je ½ Tasse entsteinte Rosinen, gewaschene und gepflückte Johannisbeeren; Je 1 Teelöffel Extrakt aus Muskatnuss, Nelken und Zimt. Butter und Zucker zu einer hellweißen Creme verrühren; Fügen Sie die Eier einzeln hinzu und schlagen Sie jeweils ein paar Minuten weiter. Das gesiebte Mehl mit dem Pulver, der Milch, den Früchten und den Extrakten hinzufügen; zu einem glatten, eher festen Teig verrühren; In eine mit Papier ausgelegte Kuchenform geben und 30 Minuten im heißen Ofen backen.

Nr. 118.

SCOTCH CAKE.

Eineinhalb Tassen Butter, 2½ Tassen Zucker, 8 Eier, 1½ Pint Mehl, ½ Teelöffel Backpulver, 3 Tassen entsteinte Rosinen, 1 Esslöffel Zitronenextrakt. Butter und Zucker zu einer hellweißen Creme verrühren; Fügen Sie die Eier hinzu, jeweils 2, und schlagen Sie zwischen jeder Zugabe 5 Minuten lang. Das gesiebte Mehl mit dem Pulver, den Rosinen und dem Extrakt dazugeben; zu einem glatten, gleichmäßigen Teig verrühren; In eine mit Papier ausgelegte quadratische, flache Kuchenform geben und 1 Stunde bei mittlerer Hitze backen.

Nr. 119.

SHREWSBURY KUCHEN.

Eine Tasse Butter, 3 Tassen Zucker, 1½ Liter Mehl, 3 Eier, 1 Teelöffel Backpulver, 1 Tasse Milch. Butter und Zucker zu einer glatten, weißen Creme verreiben, die Eier einzeln dazugeben und jeweils 5 Minuten verrühren. Das gesiebte Mehl mit dem Pulver und dem Extrakt dazugeben; Zu einem mittelgroßen Teig verrühren, in einer gut gefetteten Kuchenform im Schnellbackofen über 40 Minuten backen.

Nr. 120.

VANILLE-KUCHEN.

Eineinhalb Tassen Butter, 2 Tassen Zucker, 6 Eigelb, 1 Pint Mehl, 1½ Teelöffel Backpulver, 1 Tasse Sahne, 1 Esslöffel Vanilleextrakt. Butter und Zucker zu einer sehr leichten Creme verrühren; Eigelb und Sahne, gesiebtes Mehl, Pulver und Extrakt dazugeben; zu einem festen, aber glatten Teig verrühren; In einer flachen, quadratischen Pfanne in einem ziemlich heißen Ofen 35 Minuten backen.

Nr. 121.

WEINKUCHEN.

Eineinhalb Tassen Butter, 2 Tassen Zucker, 2 Tassen Mehl, ½ Teelöffel Backpulver, 1 Glas Wein, 3 Eier. Butter und Zucker zu einer hellen Creme verrühren; Fügen Sie die Eier einzeln hinzu und schlagen Sie jeweils 5 Minuten lang. Das gesiebte Mehl mit dem Pulver und dem Wein hinzufügen; zu einem mittelfesten Teig verrühren; in einer flachen, quadratischen Kuchenform bei mittlerer Hitze 40 Minuten backen; Nach dem Herausnehmen aus dem Ofen vorsichtig mit der transparenten Glasur überziehen.

Nr. 122.

ZARTER KUCHEN.

Eineinhalb Tassen Butter , 1½ Tassen Zucker, Eiweiß von fünf Eiern, 2½ Pints Mehl, 1½ Teelöffel Backpulver, 1 Tasse Milch, 1 Teelöffel Pfirsichextrakt. Butter und Zucker zu einer hellen Creme verrühren; Fügen Sie das Eiweiß nacheinander hinzu und schlagen Sie jeweils ein paar Minuten weiter. Das gesiebte Mehl mit dem Pulver hinzufügen, dann den Extrakt und die Milch; zu einem eher dünnen Teig vermischen; In eine mit Papier ausgelegte Form gießen und in einem ziemlich heißen, aber gleichmäßigen Ofen 50 Minuten backen.

Nr. 123.

DUCHESSE-KUCHEN.

Eineinhalb Tassen Butter, 1 Tasse Zucker, 6 Eier, 1 Teelöffel Backpulver, 1 Pint Mehl, 1 Teelöffel Zimtextrakt. Butter und Zucker zu einer leichten Creme verrühren, jeweils 2 Eier dazugeben und zwischen den einzelnen Zugaben jeweils 10 Minuten verrühren. Mehl und Pulver zusammensieben, mit den Extrakten zur Butter etc. geben; Zu einem mitteldicken Teig vermischen und in kleinen, flachen, quadratischen Formen, die mit dünnem weißem Papier ausgelegt sind, 30 Minuten lang im Ofen backen. Wenn sie aus dem Ofen genommen werden, frieren Sie sie ein.

Nr. 124.

MINCE PIES.

Hackfleisch – 2 Pfund Fleisch, 1 Pfund Rosinen, 1 Pfund Johannisbeeren, ½ Pfund Zitronatzitrone, 1 Pfund gehackte Äpfel, 1 Pfund Talg. Alles fein hacken, außer je ½ Johannisbeeren und Rosinen. Geben Sie 1 Stange eingelegten Ingwer oder Kirschen, ½ Pint Brandy, ½ Pint Wein, Muskatnuss, gemahlenen Piment, gemahlenen Zimt, Muskatblüte nach Geschmack, Zucker und ½ Pint Apfelwein hinein. Machen Sie Tortenboden oder Blätterteigpaste.

Nr. 125.

CHARLOTTE RUSSE.

Ein Liter Charlotte -Form , ¼ Pfund Löffelbiskuits; Die Form damit auskleiden; Lassen Sie die Form trocknen. Ein Viertel Sahne nach Geschmack gesüßt, mit Ananas, Zitrone oder einem anderen Geschmack gewürzt, ¼ Schachtel Gelatine in etwas Sahne aufgelöst, Sahne zu einem leichten, steifen Schaum geschlagen. Stellen Sie eine zusätzliche Pfanne auf das Eis, geben Sie die gesamte Schlagsahne hinein und rühren Sie dann die Gelatine ein . Geben Sie es in die Form , bedecken Sie die Oberseite mit Löffelbiskuits und stellen Sie es zum Abkühlen auf Eis.

Nr. 126.

WAFFELN.

Ein Pint Mehl, ½ Hefekuchen; Machen Sie über Nacht einen Teig mit warmer Milch und lassen Sie ihn gehen. Morgens 3 Eier, 1 Esslöffel Zucker, Muskatnuss nach Geschmack und 1 Esslöffel geschmolzene Butter leicht verrühren. Umrühren und bis zum Backen gehen lassen. In Formen backen , etwas Puderzucker darüber sieben und auf den Tisch geben.

Nr. 127.

Kekse.

Ein Viertel Mehl, 1 Esslöffel Hefepulver, 1 Esslöffel Butter oder Schmalz. Alles mit Milch vermischen; 1½ Teelöffel Salz hinzufügen. Machen Sie Ihre Kekse schnell und backen Sie sie im heißen Ofen.

Nr. 128.

MAISBROT.

Ein Pint Mahlzeit, ½ Pint heißes Wasser, ½ Pint Milch, gemischt; 1 Esslöffel Butter, Eigelb von 3 Eiern, 1 Teelöffel Hefepulver. Alles zu einem steifen Teig verrühren. Wenn Sie zum Backen bereit sind, schlagen Sie das Eiweiß zu einem steifen Schaum, geben Sie es hinein und geben Sie es in eine Backform in einen heißen Ofen.

Nr. 129.

Biskuitbrot.

Nehmen Sie 2 irische Kartoffeln, kochen Sie sie, zerstampfen Sie sie, wenn sie fertig sind, geben Sie 2 Esslöffel Mehl hinein, gießen Sie das Wasser, in dem die Kartoffeln gekocht wurden, hinein, gießen Sie die Hefe hinein und lassen Sie es gehen. Backen Sie Ihr Brot über Nacht , entweder helles Brot oder Brötchen. Ihr Ofen muss gleichmäßig und gleichmäßig backen, sonst wird Ihr Brot nicht hell.

Nr. 130.

SÜßKARTOFFELKUCHEN.

Kochen Sie 1 große Süßkartoffel für 2 Kuchen; durch ein Drahtsieb zerdrücken, 3 Eier, deren Eigelb mit der Kartoffel verquirlt werden muss, Zucker nach Geschmack, etwas abgeriebene Zitronenschale, etwas Muskatnuss und Zimt; Alles zusammen reiben; 1 Teetasse Milch, 1 Esslöffel geschmolzene Butter; Wenn Sie bereit sind, die Pasteten zuzubereiten, schlagen Sie das Eiweiß zu einem steifen Schaum und rühren Sie es ein. Machen Sie die Paste gemäß den Anweisungen in Vol-au-Vents.

Nr. 131.

WIE MAN GUTES BROT MACHT.

Sieben Sie Ihr Mehl in Ihren Rührtopf, erwärmen Sie es bei kaltem Wetter etwas, machen Sie ein Loch in die Mitte, gießen Sie in dieses Loch Ihren Biskuit und rühren Sie das Ganze um, bis die Konsistenz eines Kuchens erreicht ist, und lassen Sie es dann an einem warmen Ort stehen platzieren, bis es aufgeht und ganz leicht wird; Dann von allen Seiten gründlich durchkneten und nach Bedarf Mehl hinzufügen. Wenn der Teig nicht mehr an Ihren Fingern oder am Pfannenrand kleben bleibt, stellen Sie ihn beiseite, bis er wieder aufgeht. Dann formen Sie daraus fünf oder sechs Brote, legen Sie sie in Ihre Backformen und stellen Sie sie an einen warmen Ort, bis sie schön aufgehen, und schieben Sie sie dann in den Ofen und backen Sie sie.

Mit ein wenig Experimentieren werden Sie schnell zu einem effizienten Bäcker.

Nr. 132.

HELLES BROT.

Drei Pints Mehl, ein halber Hefekuchen in warmem Wasser aufgelöst, jeweils ein Esslöffel Salz, Schmalz und weißer Zucker, 1½ Pints Kartoffelwasser (warm), hart verarbeiten und über Nacht gehen lassen. Morgens formen und eine halbe Stunde vor dem Backen noch einmal gehen lassen; Wenn der Teig zu steif ist, fügen Sie etwas warmes Wasser hinzu, da es besser ist, ihn eher weich zuzubereiten. Es geht schneller auf und bleibt länger frisch. Sieben Sie Ihr Mehl vor der Verwendung immer und erwärmen Sie es bei kaltem Wetter etwas. Durch zweimaliges Sieben entsteht mehr Luft zwischen den Partikeln. Stellen Sie den Ofen nicht zu heiß ein.

Nr. 133.

WIE MAN GUTE HEFE HERSTELLT.

Nehmen Sie 6 große gesunde Kartoffeln, 1 Gallone Wasser und 2 Handvoll Hopfen; Geben Sie die geschälten Kartoffeln ins Wasser, binden Sie den Hopfen in einen Beutel und kochen Sie alles zusammen, bis die Kartoffeln weich genug sind, um sie leicht zu zerdrücken. Werfen Sie den Hopfen weg, geben Sie eine Tasse Mehl in eine große Schüssel, nehmen Sie die Kartoffeln aus dem Wasser, zerstampfen Sie sie durch ein Sieb und vermischen Sie sie gut mit dem Mehl. Gießen Sie dann das zum Kochen der Kartoffeln verwendete Wasser darüber und vermischen Sie alles gründlich. Lassen Sie die Mischung stehen, bis sie etwa milchig ist , und fügen Sie dann etwa einen Cent Bäckerhefe oder einen Hefekuchen oder eine Tasse Trockenhefe hinzu und lassen Sie das Ganze nach erneutem Rühren über Nacht stehen. Fügen Sie morgens eine halbe Tasse Zucker, eine halbe Tasse Salz und einen kleinen Esslöffel Ingwer hinzu; Geben Sie das Ganze in einen 2-Gallonen-Krug und verwenden Sie eine Tasse dieser Hefe beim Backen für fünf oder sechs normalgroße Brote. Wenn Sie Ihre nächste Hefemenge herstellen, verwenden Sie eine Tasse dieser Hefe anstelle der oben genannten Bäcker- oder anderen Hefe.

Nr. 134.

KALBENFÜßGELEE.

Besorgen Sie sich beim Metzger 4 Kalbsfüße, schneiden Sie sie in zwei Teile, entfernen Sie das Fett zwischen den Klauen und waschen Sie sie gut in lauwarmem Wasser. Geben Sie sie in einen großen Topf und bedecken Sie

sie mit Wasser. Wenn die Flüssigkeit kocht, gut abschöpfen und 6 bis 7 Stunden leicht kochen lassen, um die Menge auf 2 Liter zu reduzieren; Dann durch ein Sieb passieren und die gesamte ölige Substanz abschöpfen. Wenn Sie es nicht eilig haben, ist es besser, die Kälberfüße am Tag vor der Zubereitung des Gelees abzukochen, da es bei vollkommener Erkaltung besser entrahmt und der Flüssigkeitsanteil fester wird. Den Likör zusammen mit einem Stück Zucker, der Schale von 2 Zitronen, dem Saft von 6 und 6 Eiweißen und Eierschalen in einem Topf schmelzen lassen. zusammenschlagen, mit einer Flasche Sherry oder Madeira. Das Ganze verrühren, bis es kocht, dann auf den Herd stellen, ¼ Stunde köcheln lassen und durch einen Geleebeutel abseihen. Dann erneut in den Beutel zurückgießen und abseihen, bis es so hell und klar wie Steinwasser ist. Gelee in Formen füllen , damit es fest und kalt wird. Bei warmem Wetter ist Eis erforderlich.

Nr. 135.

HÜHNERGLACEE.

Entbeinen Sie ein Huhn, füllen Sie es mit Trüffeln, Pilzen, leichtem ¼ Pfund Schinken, ½ Pfund Kalbfleisch, etwas süßem Majoran und Thymian sowie einer sehr kleinen Zwiebel. Nehmen Sie das Fleisch und eine Hälfte der Pilze und schneiden Sie sie fein, schneiden Sie die andere Hälfte in Scheiben, und auch die Trüffel müssen geschält und in Scheiben geschnitten werden. Lassen Sie die Trüffel in einer viertelgroßen Dose sein. Alles vermischen, mit Pfeffer und Salz würzen und dann in das Hähnchen füllen. Geben Sie es in einen fest verschlossenen Beutel und lassen Sie es 2 Stunden kochen. Nehmen Sie nun den Kadaver und die Innereien und kochen Sie sie, um daraus eine Brühe zu machen. Machen Sie etwa 3 Pints. Das gesamte Fett abschöpfen, vom Herd nehmen und abkühlen lassen. Nehmen Sie eine Packung Gelatine und geben Sie sie in die Suppe. Nach dem Schmelzen mit dem Eiweiß klären. Mit Pfeffer, Salz und etwas Muskatnuss würzen. Zehn Minuten kochen lassen, durch einen Flanellbeutel abseihen und zum Abkühlen beiseite stellen. Nehmen Sie das Hähnchen, drücken Sie kräftig darauf und lassen Sie es abkühlen. Nehmen Sie eine Geleeform und füllen Sie sie mit gekochten Eiern, Pilzen und Trüffeln aus, die Sie in Sterne und Blumenformen schneiden. dann eine Schicht Gelee, dann eine Schicht Hähnchenscheiben, bis die Form voll ist. Zum Abkühlen in den Kühlschrank stellen. Garnieren Sie das Gericht zum Verzehr mit Brunnenkresse oder Petersilie.

Nr. 136.

Muschelsuppe.

Drei Pints Muscheln; Verbrühe sie und nimm die Herzen heraus; 1 Pint Tomaten, kochen und durch ein Sieb passieren, einen Esslöffel Zucker hineingeben; Esslöffel fein gehackte Zwiebel und ein Teelöffel Thymian, eine kleine Stange Sellerie, fein gehackt, ¼ Pfund Butter und 2,2 Esslöffel Mehl, in einem Schmortopf vermischt; Dies muss zusammen mit dem Likör aus Muscheln, Thymian, Sellerie, Zwiebeln, Tomaten und ½ Pint Sahne gegeben werden. Alles zusammen kochen lassen; Mit Pfeffer und Salz, Muskatblüte und Muskatnuss abschmecken. Kurz vor dem Servieren die Muscheln hineingeben. Einmal aufkochen lassen.

Nr. 137.

JOHANNISBEEREGELEE.

Ein Stück Johannisbeeren, in einen Kessel geben und pürieren; zehn Minuten aufkochen lassen; Einige davon nacheinander durch ein Tuch abseihen, bis der gesamte Saft ausgelaufen ist. 1 Pint Saft auf 1 Pfund Zucker; Geben Sie es in den Einmachkessel und achten Sie auf die Stunde, in der es kocht. 20 Minuten kochen lassen, dabei ständig abschöpfen; In Gläser füllen und drei Tage lang offen in die heiße Sonne stellen, dann mit mit Brandy befeuchteten Papierstücken abdecken. An einem trockenen Ort aufbewahren.

Nr. 138.

ESSIG PFIRSICH.

Ein Pck Heidepfirsiche (Kleberkerne), über Nacht geschält; 1 Pfund Zucker darüber streuen; Morgens abgießen, ½ Pint Apfelessig dazugeben, Essig und Saft zusammen aufkochen lassen, jeweils ein paar Pfirsiche dazugeben und gerade so lange kochen lassen, dass man einen Strohhalm durch die Pfirsiche stecken kann (15 Minuten), Stellen Sie Ihre Gläser in heißem Wasser auf den Herd. Geben Sie Ihre Pfirsiche hinein, sobald sie fertig sind. Wenn die Gläser voll sind, gießen Sie den Sirup darüber und verschließen Sie sie auf dem Herd. 15 Minuten einwirken lassen.

Nr. 139.

TOMATEN-CHOW-CHOW.

über Nacht in Scheiben schneiden , mit Salz bestreuen; morgens in ein Sieb geben und abtropfen lassen; 1 Pint Essig, ½ Pfund brauner Zucker, 1 Teelöffel Tamarack, 1 Teelöffel schwarzer Pfeffer, je 1 Esslöffel Piment und Nelken, ½ Dutzend Blätter Muskatblüte. Alles in einen Topf geben und zum

Kochen bringen; Nehmen Sie sie nach dem Kochen heraus und geben Sie
sie in ein gut verschlossenes Glas.

Nr. 140.

MANGOES.

Nehmen Sie eine Mango, schneiden Sie sie, entfernen Sie alle Kerne,
legen Sie sie 5 Tage lang in Salz und Wasser, lassen Sie sie 1 Tag und eine
Nacht in klarem Wasser stehen, lassen Sie sie abtropfen und füllen Sie sie mit
Folgendem: Einen harten Kohlkopf hacken, Meerrettich , Senfkörner,
Knoblauch, ein paar Nelken; Füllen Sie jedes einzelne Stück und binden Sie
dann das abgenommene Stück fest, um eine Öffnung für die Entnahme der
Kerne zu schaffen. Kochen Sie ausreichend Essig, um sie zu bedecken, und
geben Sie Nelken und Piment in den Essig. gieße dies über sie in die Gläser;
Kochen Sie den Essig weiter und gießen Sie ihn drei Tage lang über und über
die Mangos. dann für den Gebrauch befestigen.

Nr. 141.

SÜßKARTOFFELKUCHEN.

Kochen Sie zwei große Süßkartoffeln mit einem Gewicht von etwa einem
Pfund; abseihen und durch ein Sieb zerdrücken; 1 Esslöffel Butter muss
hineingegeben werden; nach Geschmack süßen; 1 Pint kochende Milch, 5
Eigelb, gut unter die Kartoffeln schlagen; Rühren Sie die heiße Milch
darüber. Etwas Zitronenschale hineinreiben; Muskatnuss nach Geschmack;
1 Teelöffel Zitronenessenz dazugeben; Schlagen Sie das Eiweiß unter die
Kartoffeln, machen Sie einen Blätterteigbrei, rollen Sie ihn aus und backen
Sie Kuchen ohne Deckel.

Auf die gleiche Weise können auch Puddingkuchen zubereitet werden,
wobei die Kartoffeln weggelassen werden.

Verwenden Sie für Zitronenkuchen die gleiche Menge an Zutaten wie
oben, jedoch 3 Zitronen.

Nr. 142.

MERINGUE PIE.

Eine Tasse Zucker, Eigelb von drei Eiern, 1½ Tassen Milch, 2 Teelöffel
Maisstärke, Saft und abgeriebene Schale einer Zitrone. Schlagen Sie das
Eigelb leicht auf und fügen Sie den Zucker hinzu, reiben Sie die Maisstärke
mit Milch ein und fügen Sie diese hinzu, dann die Zitrone und alles gut
verrühren. Legen Sie einige Pfannen mit einer reichhaltigen Paste aus, füllen

Sie sie dann mit der Vanillesoße und backen Sie sie. Wenn Sie fertig sind, nehmen Sie das Eiweiß von drei Eiern und schlagen Sie es mit einem Esslöffel Zucker zu einem steifen Schaum, der sich darüber verteilt, und bräunen Sie es im Ofen.

<h2 style="text-align:center">Nr. 143.</h2>

<h1 style="text-align:center">SÜßKARTOFFELPUDDING.</h1>

Ein halbes Pfund Butter, ein halbes Pfund Zucker, fünf Eier, zwei Esslöffel Brandy und dasselbe Rosenwasser. Fügen Sie 1 Pfund Süßkartoffeln hinzu, gekocht und fein püriert, mit einer Prise Salz und etwas Milch, um alles saftig zu machen. Butter, Eier und Zucker schaumig schlagen und die Kartoffeln nach und nach hinzufügen; Die Eier verquirlen, bis sie dick sind, und nach und nach unterrühren. Dann den Brandy und das Rosenwasser hinzufügen. Alles gut vermischen und an einem kühlen Ort eine Weile ruhen lassen . Das reicht für 3 oder 4 Puddings in Suppentellergröße. Belegen Sie Ihre Teller mit einer schönen Paste, füllen Sie sie und backen Sie sie im Schnellofen. Auf Wunsch kann das Rosenwasser auch durch Muskatnuss oder Zimt ersetzt werden.

<h2 style="text-align:center">Nr. 144.</h2>

<h1 style="text-align:center">KOKOSPUDDING.</h1>

Ein halbes Pfund Zucker, ein halbes Pfund Butter, ein halbes Pfund geriebene Kokosnüsse , das Eiweiß von sechs Eiern, ein Esslöffel Rosenwasser, zwei Esslöffel Brandy; Den Zucker und die Butter schaumig schlagen, das Eiweiß steif schlagen und mit der Butter und dem Zucker verrühren. Das Ganze verrühren und nach und nach die Nuss, den Brandy und das Rosenwasser hinzufügen; Schlag es nicht. Dies ergibt zwei Puddings in voller Größe. Belegen Sie Ihre Teller mit reichhaltiger Paste; füllen und im Schnellofen backen.

<h2 style="text-align:center">Nr. 145.</h2>

<h1 style="text-align:center">PUFF PUDDING.</h1>

Mischen Sie 2 Tassen Mehl mit $^{2/3}$ Tasse Butter und 2 Tassen Zucker . Lösen Sie 3 Teelöffel gutes Backpulver in 1 Tasse Milch und 1 Teelöffel Zitronenessenz und einer halben Muskatnuss auf. Nehmen Sie 4 Eier – behalten Sie das Eiweiß von 2 zum Bereifen – und schlagen Sie die anderen gründlich auf; Dann alles vermischen und im Schnellofen backen. Wenn Sie fertig sind, bestreichen Sie die Oberseite mit den zurückbehaltenen Eiweißen, gut geschlagen und mit einer kleinen Menge Puderzucker.

Nr. 146.

Blätterteigpaste.

Nehmen Sie 1 Pfund Mehl bester Qualität, gesiebt, 1 Pfund gute, feste, süße Butter oder Schmalz oder gleiche Teile davon; Teilen Sie das Backfett in Viertel; Nehmen Sie ein Viertel, hacken Sie es fein und vermischen Sie es mit einem Messer mit dem Mehl, da die Butter durch die Wärme der Hände weich wird. dann mit etwas kaltem Wasser zu einem festen Teig verarbeiten; Das Brett bemehlen, den Teig ausstechen, mit Mehl bestäuben und dünn ausrollen; Dann ein weiteres Viertel des Backfetts in dünne Scheiben schneiden und auf den Teig legen, mit Mehl bestäuben, die Seiten umklappen, so dass ein Quadrat entsteht. Rollen Sie dann noch einmal und fügen Sie ein weiteres Viertel des Backfetts hinzu. Fahren Sie so fort, bis das gesamte Backfett eingerollt ist. Gehen Sie so wenig wie möglich damit um. Wenn Sie fertig sind, rollen Sie es etwa einen Zentimeter dick aus, schneiden Sie es in Viertel, legen Sie es auf einen Teller und lassen Sie es zwei Stunden lang an einem kühlen Ort stehen. Nehmen Sie nur so viel, wie Sie für eine Kruste benötigen, streichen Sie das Brett aus und rollen Sie es aus, sodass es in der Mitte dünner ist als an den Rändern, die einen Viertel Zoll dick sein sollten; Fetten Sie die Formen ein, geben Sie den Teig darauf, drücken Sie ihn leicht in die Form und schneiden Sie den Rand mit einem Messer ab. Geben Sie die Füllung hinein, bedecken Sie sie wie zuvor mit einer weiteren Paste, schneiden Sie die Ränder ab und verzieren Sie sie, falls gewünscht, und backen Sie sie im Schnellofen.

Nr. 147.

HÜHNERFILET.

Nehmen Sie die Brüste von 4 Hühnern (zart). Dies reicht für zwölf Personen. Von jedem Hähnchen 4 Filets nehmen; Dann schneiden Sie sie in eine Form, die etwa dem Brustbein eines Huhns ähnelt. Nehmen Sie die Haut ab und glätten Sie sie mit einem Holzhammer. eine Pfanne mit Butter bestreichen; lege sie dicht nebeneinander hinein; Dann gießen Sie ½ Pint Milch und ½ Pint Brühe darüber; Legen Sie ein Gewicht darüber und lassen Sie sie köcheln, bis sie weich sind. Nachdem sie fertig sind, schneiden Sie einige Pilze und Trüffel in Scheiben und legen Sie jeweils einen davon in einer Reihe auf jede Brust. Auf einer Platte rundherum anrichten, dann die Essenz nehmen und ½ Pint Sahne hineingeben, so dass eine reichhaltige Soße entsteht; ¾ Pint Spinat; Entfernen Sie alle Stiele und kochen Sie die Blätter vor. Nehmen Sie sie aus dem heißen Wasser und legen Sie sie in kaltes Wasser. dann auspressen und sehr fein hacken; Je 1 Esslöffel Mehl und Butter unter den gehackten Spinat mischen; 1 Teetasse Brühe wird darüber gegossen und gründlich verrührt; Pfeffer, Salz, geriebene Muskatnuss; dann auf das Feuer stellen und 20 Minuten lang langsam schmoren lassen; drei Eier hart kochen; in Scheiben schneiden; Geben Sie den Spinat in die Mitte der Schüssel und das Huhn darum herum. Soße rundherum gießen; Legen Sie geschnittene Eier um den Spinat. heiß servieren.

Nr. 148.

JURY PIE.

Einige mehlige Kartoffeln dämpfen und kochen; dann mit etwas Butter oder Sahne zerstampfen; Nach Geschmack würzen und eine Schicht auf den Boden einer Kuchenform legen; darauf eine Schicht fein gehacktes kaltes Fleisch oder gut gewürzten Fisch jeder Art legen ; dann abwechselnd eine weitere Schicht Kartoffeln und mehr gehacktes Fleisch, bis die Schüssel gefüllt ist; die Oberseite glätten; Semmelbrösel darüber streuen und backen, bis es gut gebräunt ist. Daraus ergibt sich ein schönes kleines Gericht. Gehackte Gurken können hinzugefügt werden. Sollten Sie statt Fleisch Fisch verwenden, schlagen Sie diesen zunächst in rohem Ei auf. Es wird besser schmecken. Anstelle von Fleisch können auch angerichteter Spinat, Tomaten und Spargel verwendet werden, es sollten jedoch mehr Kartoffeln als alles andere in der Pastete enthalten sein.

Nr. 149.

KARTOFFELKUCHEN.

Vier große gekochte und mit Butter und Sahne zerdrückte Kartoffeln; ½ Pfund Metzgerfleisch; ¼ Pfund Schinken oder Speck, klein geschnitten oder gehackt; hart gekochte Eier; würzen und mit einer leichten Kruste bedecken; ¾ Stunde backen. Ungekochte Kartoffeln können in Scheiben verwendet werden; Legen Sie zuerst eine Schicht davon, dann eine Schicht Fleisch oder Fisch. Butter hinzufügen und mit Zwiebeln, Ketchup oder Gurken würzen; über zwei geschlagene Eier gießen; auf die obere Kruste legen; 1 Stunde backen.

Nr. 150.

KARTOFFELKEKSE.

4 große Kartoffeln schälen und dämpfen; Zerdrücken Sie sie und gießen Sie sie in einen Mörser. mit etwas rohem Ei befeuchten; Fügen Sie dann Puderzucker hinzu, um sie süßer zu machen. Das Eiweiß von 4 Eiern zu Schnee schlagen und mit den Kartoffeln vermischen. einen Esslöffel Orangenblütenwasser hinzufügen; Auf Papier legen, so dass entweder runde oder längliche Kekse entstehen. langsam backen, bis eine schöne Farbe entsteht; Entfernen Sie das Papier, wenn Sie fertig sind.

Nr. 151.

GEBRATENER APFELPUDDING.

In eine gut gebutterte Pfanne eine Schicht Semmelbrösel und dann eine Schicht kleingeschnittene Äpfel geben; eine Prise Johannisbeeren, etwas brauner Zucker; Wiederholen Sie diesen Vorgang, bis die Pfanne voll ist. dann über die geschmolzene Butter gießen; Zum Schluss Semmelbrösel darauf verteilen. 1 Stunde backen.

Nr. 152.

APFELOMELETTE.

Äpfel schälen; Kerne herausnehmen; in dünne Scheiben schneiden, in Brandy tauchen und mit fein geriebener Zitronenschale bestäuben; in eine Pfanne mit kochendem Schmalz geben; Schütteln Sie es einige Minuten lang über einem lebhaften Feuer und nehmen Sie es auf. ein paar Eier schlagen; nach Geschmack süßen; Die Früchte einrühren und anbraten. Wenn das Omelett fertig ist, verdoppeln Sie es, bestäuben Sie es mit gesiebtem Zucker und glasieren Sie es, wenn möglich.

Nr. 153.

SCHWEIZER APFELKUCHEN.

Einige Äpfel schälen, entkernen und vierteln. Kochen Sie die Schale und die Kerne mit ein paar Nelken in ½ Liter Wasser und so viel Zucker, dass es süßer wird. Legen Sie die Äpfel in eine Kuchenform und vermischen Sie sie mit ¼ Pfund Johannisbeeren, die gewaschen und in einem Tuch getrocknet wurden. Fügen Sie dem Likör ein Glas Rotwein sowie die abgeriebenen Schalen und den Saft von zwei Zitronen hinzu. Legen Sie dies über die Äpfel. 2 Unzen Butter hineinschneiden; Die Ränder auskleiden und mit heller Tortenpaste belegen; 1 Stunde backen. Wenn Sie fertig sind, sieben Sie den Puderzucker auf die Kruste.

Nr. 154.

PUDDING A LA MODE.

Nehmen Sie ein halbes Dutzend große Äpfel; schälen, entkernen und vierteln; in sehr wenig Wasser weich kochen; Mit der abgeriebenen Schale und dem Saft einer Zitrone zu einem Brei zerstampfen; Das Eigelb von 4 und das Eiweiß von 2 Eiern verrühren; fügen Sie 2 in Rosinenwein getränkte

Biskuitkuchen und 6 Unzen Butter hinzu, die gerade über dem Feuer geschmolzen ist; das Ganze vermischen. Die Puddingform mit einer leichten Butterpaste auslegen. 1 Stunde backen und zum Servieren wenden.

Nr. 155.

APFELKUCHEN.

Nehmen Sie 1 Pfund zerkleinerte Äpfel, 1 Pfund Mehl, ½ Pfund Zucker, ½ Pfund geschmolzene Butter, gemahlenen Zimt, 6 gut geschlagene und passierte Eier, 2 Unzen kandierte Zitronenchips und 4 Esslöffel Bierhefe. Gut durchkneten, gehen lassen, in die Form geben und im Schnellofen backen. Nachdem der Kuchen aufgegangen ist, bei Bedarf Johannisbeeren hinzufügen.

Nr. 156.

PUDDING A LA MARINIERE.

Je ein halbes Pfund Mehl und Rindertalg, ¼ Pfund Johannisbeeren und 4 Eier. Mischen Sie es mit etwas Wasser zu einer Paste und rollen Sie es flach aus; leeren Sie dann einen kleinen Einmachtopf mit Apfelmarmelade in die Mitte; zu einem runden Pudding zusammenfügen; in Stoff binden; 1 Stunde kochen lassen.

Nr. 157.

FISCHPUDDING.

Eine kleine Schüssel mit einer dünnen, aber reichhaltigen Paste auslegen und mit kleinen Fischstücken ohne Knochen, zerdrücktem Lorbeerblatt, gehackter Petersilie, Zwiebeln, Pfeffer und Fischsauce füllen. Auf den oberen Boden legen, ein Tuch einbinden und je nach Größe des Puddings kochen.

Nr. 158.

APFELFÜLLUNG.

Nehmen Sie ein gutes halbes Pfund Fruchtfleisch von säuerlichen Äpfeln, die entweder gebacken oder überbrüht sind; Fügen Sie 2 Unzen Semmelbrösel, etwas Salbeipulver und Zwiebeln hinzu und würzen Sie alles mit Cayennepfeffer. Dies ist eine feine Füllung für gebratene Gänse, Enten, Schweinefleisch usw.

Nr. 159.

APFELMarmelade.

Schälen und entkernen Sie zwei Dutzend ausgewachsene Äpfel; in einen Topf mit ausreichend Wasser geben, um sie zu bedecken; zu einem Brei kochen, mit einem Löffel glatt rühren und zu jedem halben Liter Obst ein halbes Pfund weißen Zucker geben; nochmals 1 Stunde kochen lassen; ggf. abschöpfen. Nach dem Erkalten in Einmachgläser füllen.

Nr. 160.

Bratapfelknödel.

Machen Sie eine reichhaltige Paste aus Butter und Mehl, schälen Sie einige Äpfel, stecken Sie jeweils drei oder vier Nelken hinein und bedecken Sie die Früchte vollständig mit der Paste. Wenn der Ofen zu heiß ist , verbrennen sie draußen. Anschließend feinen weißen Zucker darübersieben und heiß servieren.

Nr. 161.

KARTOFFELPUDDING.

1 Pfund Kartoffeln kochen, heiß zerstampfen, 3 Unzen frische Butter, 2 Unzen zerstoßenen Puderzucker, Schale und Saft einer halben Zitrone sowie etwas Sahne unterrühren; Eine Form mit Butter bestreichen, alles hineinlegen und 30 Minuten in einem mäßig heißen Ofen backen; Das Eigelb von 4 rohen Eiern kann hinzugefügt werden, und statt Zitronensaft kann Brandy oder Madeira verwendet werden – oder 1 Pfund Johannisbeeren können hinzugefügt werden. Dieser Pudding kann gekocht oder gebacken werden; Wenn es gekocht ist, servieren Sie es mit Weinsauce. Wenn es gebacken ist, verwenden Sie eine dünne Blätterteigpaste, um die Form auszukleiden und zu bedecken.

Nr. 162.

PUDDING A LA FECULE DES POMMES DE TERRE.

Zerdrücken Sie ein paar Lorbeerblätter und kochen Sie sie in 1 Pint Wasser oder Milch. Mischen Sie zwei Esslöffel Kartoffelmehl und Puderzucker. Wenn alles glatt ist, gießen Sie die heiße Flüssigkeit darüber und rühren Sie dabei ständig um. In eine gebutterte Form geben und eine Viertelstunde im heißen Ofen backen; Wenn Sie fertig sind, gießen Sie einen halben Pint Sahne darüber. Wenn es kalt verzehrt werden soll, vor dem Verzehr frische Sahne darübergießen; Streuen Sie zerstoßenen Puderzucker darüber.

Nr. 163.

KARTOFFELN IN FLEISCHPUDDINGS UND TORTEN.

Es wurde festgestellt, dass es bei Fleischpudding und Pasteten zu einer allgemeinen Verbesserung kommt, wenn Kartoffeln dazu verwendet werden. Sie scheinen einen Großteil der Überfülle wegzunehmen und sie viel schmackhafter zu machen.

Nr. 164.

GEFÜLLTE KARTOFFELN.

Waschen und schälen Sie fünf große Kartoffeln, schöpfen Sie sie von einem Ende bis zum anderen hohl aus, füllen Sie diese Öffnung mit Wurst oder Hackfleisch, tauchen Sie die Kartoffeln dann in geschmolzene Butter und legen Sie sie auf eine Auflaufform. Lassen Sie sie etwa 30 bis 40 Minuten in einem mäßig heißen Ofen backen. servieren, sobald es fertig ist. Wenn Sie möchten, können Sie dazu Soße verwenden.

Nr. 165.

CURRIEKARTOFFELN.

Würzen Sie die Kartoffeln, indem Sie sie in Scheiben schneiden, roh oder kalt gekocht, und in Butter anbraten. Currypulver in Soße mischen und etwas schmoren. Beim Auflegen auf eine Schüssel sollten kleine Schinkenstückchen auf der Oberfläche der Kartoffeln kleben. Zitronensaft oder Gurken können hinzugefügt werden.

Nr. 166.

SÜßKARTOFFELN GEBACKEN ODER GERÖSTET.

Schälen Sie das Fleisch und legen Sie es auf einen Bräter unter das Fleisch oder in eine Fettpfanne, wobei Sie es ab und zu wenden, damit es gleichmäßig braun wird. Legen Sie sie in den Ofen, wenn das Fleisch fast fertig ist, damit beides gleichzeitig serviert und fertig sein kann.

Nr. 167.

KARTOFFELSOUFFLEE.

Ein Pint Sahne, gekocht; Mischen Sie 2 Esslöffel Kartoffelmehl mit dem Eigelb von 4 Eiern, fügen Sie 1 Unze Butter, 2 Unzen Puderzucker und Zitronenschale hinzu; Alles mit Sahne übergießen. Stellen Sie einen Schmortopf auf das Feuer. Rühren Sie weiter und nehmen Sie es ab, sobald es kocht. Lassen Sie es abkühlen und mischen Sie dann 6 Eigelb hinein. 6 Eiweiße zu Schnee schlagen, leicht unterrühren, auf eine Schüssel geben und in den Ofen stellen, bis der Teig richtig aufgegangen ist. In derselben Schüssel servieren; kann mit Schokolade aromatisiert werden.

Nr. 168.

KARTOFFELN UND NIEREN.

Nehmen Sie eine Schafsniere oder ein gleich großes Stück Kalbsleber, hacken Sie es und würzen Sie es mit Salz, Gewürzen und einigen gehackten Kräutern. Fügen Sie 2 Unzen frische Butter in kleinen Stücken hinzu, hacken Sie 4 große Kartoffeln (roh), gewaschen und geschält, und mischen Sie sie mit dem Fleisch. Alles auf eine Auflaufform geben, Krümel darübersieben und ¾ Stunde im langsamen Ofen backen. Auf demselben Teller servieren. Eventuell noch etwas Zwiebel hinzufügen.

Nr. 169.

KARTOFFELPATTIES.

Die Pfannen mit Butter bestreichen, Semmelbrösel darüber streuen und mit schönem Kartoffelpüree füllen, gewürzt mit Pilzketchup, geriebener Zitronenschale, herzhaften Kräutern, gehackt; Olivenöl oder frische Butter hinzufügen und weitere Semmelbrösel darübersieben; In den Ofen geben, bis sie braun sind, aus den Pfannen nehmen und servieren. Anstelle der Semmelbrösel kann eine sehr dünne Blätterteigpaste die Pfannen auskleiden.

Nr. 170.

GANZER KNOCHENSCHINKEN.

Nehmen Sie einen Schinken, spalten Sie ihn innen auf, nicht durch die Haut, denn diese darf nicht zerbrochen werden; aber schneiden Sie es an der Seite ab, die neben der Schüssel liegt. Nehmen Sie alle Knochen heraus. Eine Dose Pilze, eine halbe Dose Trüffel, 1 kleine Knoblauchzehe, 2 Stangen Sellerie, ein Teelöffel Thymian; Alles zerkleinern, nicht sehr fein, und diese Füllung dort hinlegen, wo der Knochen herausgenommen wurde; Nähen Sie den Schinken zusammen und legen Sie ihn in einen geschlossenen Beutel, damit er seine Form behält. Geben Sie ein Dutzend Nelken in den Topf und lassen Sie den Schinken 3 Stunden lang langsam kochen; Wenn Sie fertig sind, geben Sie es in eine geschlossene Pfanne und drücken Sie es, bis es sehr kalt ist. Haut abziehen; 1½ Liter Schinkenwasser, 1½ Liter Suppenbrühe, 1 Schachtel Gelatine , aufgelöst in einer Tasse kaltem Wasser; Geben Sie alles zusammen, fügen Sie Pfeffer und Salz hinzu, schlagen Sie das Eiweiß und die Schalen von zwei Eiern auf und geben Sie die Brühe und das Schinkenwasser hinzu, um alles klar zu machen. Alles auf das Feuer legen und umrühren, bis es kocht; Lassen Sie kein Fett darauf gelangen. gut abschöpfen; Das Gelee nach 10-minütigem Kochen durch einen Flanellbeutel abseihen. Wenn Sie keine Schinkenform haben , nehmen Sie etwas Gelee, schneiden Sie es rautenförmig aus und verteilen Sie es rund um die Form. Schneiden Sie den Rest in feine Stücke und verteilen Sie ihn rundherum auf dem Schinken. Garnieren Sie Ihr Gericht mit Karotten, in Blütenform geschnittenen Rüben, Petersilie und hier und da etwas auf beiden Seiten des Schinkens.

Nr. 171.

GANZES HUHN IN GLACEE.

Entfernen Sie alle Knochen eines mittelgroßen Huhns. ¼ Pfund Schinken, ½ Pfund Kalbfleisch, ½ Dose Pilze, ¼ Dose Trüffel, kleines Stück Zwiebel, etwas Thymian und Petersilie. Fleisch, Petersilie, Thymian, Sellerie sehr fein hacken. Die Pilze in Scheiben schneiden; Die Trüffel häuten, schneiden und in das gehackte Fleisch geben. Pfeffer und Salz nach Geschmack. Wo die Knochen herausgenommen wurden, füllen Sie sie fest mit dieser Füllung; Pfeffer und Salz nach Geschmack. Binden Sie es fest in eine Tüte. Wenn Sie fertig sind, drücken Sie es über Nacht unter einer starken Presse. Nehmen Sie es am nächsten Morgen heraus. Schneiden Sie jedes Ende ab und legen Sie es entweder in eine Melonen- oder Charlotte- Form . Nehmen Sie nun 3 Liter Hühnerwasser, schöpfen Sie das gesamte Fett ab, geben Sie Salz, Pfeffer und Muskatnuss hinein. 1 Packung Gelatine in kaltem Wasser schmelzen; Nehmen Sie 2 Eiweiße mit Schale und geben Sie alles in Hühnerwasser. Anzünden; umrühren; 10 Minuten kochen lassen. Durch einen Flanellbeutel abseihen. Lassen Sie es fast kalt werden – genug, um es mit einem Löffel einzutauchen. 2 Eier hart kochen; Die Eier in 6 Scheiben schneiden; 1 Zweig Petersilie in die Mitte des Eies legen und mit der Petersilie nach unten auf die vier Seiten des Hähnchens legen. Gießen Sie das Gelee darüber. Zum Abkühlen in den Kühlschrank stellen. Nehmen Sie es aus der Form und garnieren Sie es mit Kresse oder gekräuseltem Sellerie. Ente in Glacee kann auf die gleiche Weise zubereitet werden.

Nr. 172.

TEUFELSKRABEN.

Nehmen Sie 1½ Dutzend Krabben; koche sie fertig; Pflücken Sie sie vorsichtig aus der Schale. nimm ein halbes Dutzend Cracker; 1 Pint Milch wird über die Cracker gegossen und fein zerdrückt. Die Cracker durch ein feines Sieb passieren. Schlagen Sie 3 Eier leicht auf und geben Sie Salz und Cayennepfeffer (stark) in die passierten Cracker. Muskatnuss nach Geschmack. Geben Sie nun das Krabbenfleisch hinein. Waschen Sie die Krabbenschalen sauber und wischen Sie sie perfekt trocken. Eineinhalb Dutzend ergeben ein Dutzend Krabben. Braun bis zu einem schönen Farbton, 2 Cracker. Fein zerdrücken und durch ein Sieb passieren. Geben Sie einen Esslöffel Wein in das Krabbenfleisch. Fülle die Muscheln; Über jede Krabbe etwas von diesem braunen Crackerstaub sieben. Zehn Minuten vor dem Servieren in den Schnellofen geben. Legen Sie eine Serviette auf Ihren Teller. Legen Sie sie auf die Serviette und legen Sie Petersilie darum. Perfekt heiß servieren.

Nr. 173.

Ochsenzungenglasur.

über Nacht einweichen . 2½ Stunden lang gleichmäßig kochen lassen. Aus dem Topf nehmen und entwurzeln, bevor es kalt wird. Anschließend abkühlen lassen. Schälen Sie es und schneiden Sie es in Scheiben. Bereiten Sie das Gelee wie angegeben für Hühnergelee zu. Lassen Sie es kühl genug werden, damit es funktioniert. Nehmen Sie 2 Geleeformen ; Geben Sie eine Schicht Gelee, die gerade steif genug ist, auf den Boden der Formen . dann eine Zungenschicht; Dann eine Schicht Gelee und so weitermachen, bis die Formen voll sind. Mit dieser Menge werden die beiden Formen gefüllt . Auf Eis legen und abkühlen lassen. Dazu gibt es Salat mit Mayonnaise-Dressing.

Nr. 174.

Eingelegte Austern.

Nehmen Sie 50 große Austern, ½ Pint Likör, ½ Pint Essig, 1 Esslöffel Piment und Nelken gemischt, ½ Dutzend Muskatblütenblätter, Salz nach Geschmack, Cayennepfeffer. Schnaps und Essig auf das Feuer geben. Sobald es kocht, geben Sie jeweils ein paar Austern hinein und lassen Sie sie gerade so lange stehen, dass sie sich kräuseln, nicht länger als zwei Minuten. Geben Sie die Austern sofort nach dem Herausnehmen in ein Glas. Wenn alles herausgenommen ist, die Flüssigkeit darübergießen und gut abdecken.

Nr. 175.

Rotkohlgurke.

Schneiden Sie den Kohl in Scheiben, streuen Sie Salz darüber und stellen Sie ihn 3 Tage lang in die Sonne oder an einen warmen Ort. ½ Pint Essig und ½ Gallone Wasser zusammen zum Kochen bringen; Gießen Sie dies über den Kohl und lassen Sie ihn 1 Tag lang einweichen. Wenn es sich knusprig anfühlt und das Salz aufgebraucht ist, nehmen Sie je 2 Esslöffel Senf- und Selleriesamen, geriebenen Meerrettich, 1 Esslöffel braunen Zucker, Pfeffer und Salz nach Geschmack, 1 Liter Essig, einen Teelöffel Tamarack und 3 kleine, fein geschnittene weiße Zwiebeln . Alles vermischen, in einen Topf geben und dann den kochenden Essig mit Zucker und Tamarack über den Kohl gießen. Anschließend fest in Gläser füllen und in ein paar Wochen ist es gebrauchsfertig.

Nr. 176.

PFIRSICHMARMELADE.

Nehmen Sie weiche Pfirsiche. Ein halbes Pfund Pfirsiche auf ein halbes Pfund Zucker. Die Pfirsiche über Nacht schälen und mit dem Zucker bestreuen. Die Pfirsiche dürfen nicht steinig sein. Gießen Sie am nächsten Morgen den gesamten Saft ab, geben Sie den Saft in einen Wasserkocher und lassen Sie ihn heiß werden. Geben Sie dann die Pfirsiche, die Muskatnuss, die Nelken und den Piment nach Geschmack hinzu. Wenn es kocht, umrühren und gut pürieren. 1½ Stunden lang langsam kochen lassen. Wenn die Masse dick genug ist, bis zum nächsten Tag in Töpfe füllen, ohne sie abzudecken. Etwas Brandy darüber geben und gut verschließen.

Nr. 177.

Quittenkonserven.

Ein Stück Quitten; schälen, entkernen und abwiegen. Es werden genau so viele Pfund Zucker benötigt. Geben Sie die Schalen der Quitten darauf und lassen Sie sie perfekt durchkochen. Anschließend die Konfitüre und die Schale von 4 Zitronen hineingeben. Lassen Sie alles ¼ Stunde kochen, bis es weich genug ist, dass ein Strohhalm teilweise hindurchpassen kann. Ein halber Liter Wasser (ziemlich sauber und klar) auf 1 Pfund Zucker; Machen Sie einen Sirup und lassen Sie ihn kochen; Abschöpfen und dann die Früchte hineingeben. Lassen Sie die Früchte genau eine halbe Stunde kochen; Nehmen Sie dann die Früchte heraus und legen Sie sie auf eine Schüssel. Lassen Sie Ihren Sirup eine ¾ Stunde länger gleichmäßig kochen. Stellen Sie Ihre Gläser in heißes Wasser auf dem Herd. Geben Sie die sirupfreien Früchte hinein. Dann den Sirup einfüllen und die Gläser fest verschließen, während man im kochenden Wasser steht. Lassen Sie sie ¼ Stunde stehen.

Nr. 178.

BEEF A LA MODE.

Nehmen Sie 10 Pfund Rindfleisch und binden Sie es mit Schnüren und Spießen perfekt rund. Nehmen Sie einen Esslöffel Butter und geben Sie ihn in einen Topf, der groß genug für das Rindfleisch ist. Geben Sie das Fleisch hinein und lassen Sie es hellbraun werden. 1 Bund Karotten, ½ Bund Thymian; Schneiden Sie die Karotten in große Viertel. 3 Rüben in 4 Viertel geschnitten, 3 Zwiebeln geschält und mit Nelken bestückt, je ½ Bund Petersilie und Sellerie; Bedecken Sie das Fleisch im Topf mit Wasser und geben Sie das gesamte Gemüse hinein. Lassen Sie sie 1 Stunde lang langsam mit Salz und Pfeffer kochen. Machen Sie den Likör so dick wie Soße und lassen Sie ihn dann 1½ Stunden länger kochen. Geben Sie zwei mittelgroße, in vier Viertel geschnittene Gurken hinein. vor dem Servieren ein Glas Wein hineinstellen; Wenn Sie bereit sind, auf den Tisch zu gehen, legen Sie das Gemüse rund um die Schüssel und geben Sie die Soße in eine Soßenschüssel. Sollte das Fleisch zäh sein, lassen Sie es noch 1 Stunde länger kochen.

Nr. 179.

Gänseschweinefleisch.

Nehmen Sie einen frischen Schinken und schneiden Sie die Haut schön ein; Nehmen Sie das Innere eines Brotlaibs, ½ Dose Pilze, 1 Zwiebel, ½ Bund Petersilie, nicht ganz ½ Bund Thymian, fast ½ Bund Salbei; Petersilie und Zwiebel sehr fein schneiden, auch die Pilze; Thymian und Salbei sehr fein verreiben; 1 Esslöffel Butter in die Semmelbrösel geben und alles gut damit vermischen; Machen Sie 5 oder 6 Taschen in den Schinken, stopfen Sie das Dressing fest hinein, binden Sie eine Schnur darum, um das Dressing festzuhalten, geben Sie Pfeffer und Salz darauf und bestäuben Sie es mit etwas Mehl. Den Schinken in eine Dressingpfanne im Ofen geben und 4 Stunden lang langsam backen. Stellen Sie sicher, dass Sie es gut mit Mehl bestäuben und bestäuben, bis es fertig ist. Wenn Sie fertig sind, entfernen Sie das gesamte Fett von der Soße. Wenn sie nicht dick genug ist, muss sie eingedickt werden. Kochen Sie genug Reis, um das Gericht damit zu garnieren, und kochen Sie ihn zur Hälfte in Milch und zur Hälfte in Wasser. Wenn alles fertig ist, abkühlen lassen, 2 Eier, Pfeffer und Salz, etwas Pilzwasser und 1 Esslöffel Zucker verquirlen; Diese in Reis geben, in Kroketten ausrollen, zuerst in geschlagenes Ei und dann in Semmelbrösel geben; hellbraun braten. Apfelmus zubereiten und dazu servieren.

Nr. 180.

JUNGE GEBRATENE HÜHNER.

Nehmen Sie Frühlingshühner, kleiden Sie sie gut an, teilen Sie sie auf der Rückseite auf, braten Sie sie, ohne zu brennen, begießen Sie sie mit Butter und Sahne, legen Sie sie auf den Rost und lassen Sie sie noch ein wenig braten, und die Essenz, die beim Begießen übrig bleibt, ist die Soße, die Sie darüber geben. Mit Salz und Pfeffer würzen. Wenn Sie fertig sind, schneiden Sie es in 4 Teile. In eine Schüssel geben und mit Petersilie garnieren. Mit Salat und Mayonnaise-Dressing servieren.

Nr. 181.

GEBRATENE WACHTELN.

Nehmen Sie Wachteln und servieren Sie sie als Frühlingshuhn, verwenden Sie nur Johannisbeergelee mit Sahne und Butter. Wie oben servieren.

Nr. 182.

FRICASSEE-KANINCHEN.

Ein Kaninchen putzen, in vier Viertel schneiden, pfeffern, salzen und bemehlen, in einer Bratpfanne zartbraun braten, Mehl bestäuben; 1 kleine Zwiebel und Petersilie, jeweils ½ Pint Milch und Sahne, sehr fein hineinschneiden und in die Bratpfanne gießen; Dann das Kaninchen hineingeben und ¼ Stunde ruhen lassen. Kochen Sie den Reis trocken und legen Sie ihn mit Kaninchenfleisch und Soße in die Mitte rund um die Schüssel.

Nr. 183.

OSTERSCHINKEN.

Nehmen Sie einen geräucherten Schinken und machen Sie Taschen hinein; Nehmen Sie ¼ Päckchen Kohlsprossen und 1 Bund Sellerie und hacken Sie sie fein. Den Schinken häuten, die Taschen damit füllen und die Haut wieder auflegen. Die Taschen sollten erst nach dem Abziehen der Haut aufgeschnitten werden, denn diese muss ganz bleiben. In einen zum Schinken passenden Beutel binden und 2½ Stunden kochen lassen; Wenn Sie fertig sind, nehmen Sie es aus der Tüte, entfernen Sie die Haut und stecken Sie zwei Dutzend Nelken oben auf den Schinken. Mit etwas geschmolzenem Zucker bestreuen und einige feine Semmelbrösel darüber sieben; in den Ofen geben, damit es hellbraun wird. Servieren Sie es mit Kohlsprossen oder Blumenkohl.

Nr. 184.

Wildkoteletts.

Den Koteletts die Form eines Schinkens geben; Grillen Sie sie auf einem Rost. Nehmen Sie 1 Glas Johannisbeergelee, 1 Esslöffel Butter, 1 Weinglas Wein, Salz und Pfeffer nach Geschmack und bereiten Sie eine scharfe Soße zu. Erhitzen Sie die Auflaufform, in die Sie die Schnitzel legen, und gießen Sie die Soße darüber. Heiß servieren. Servieren Sie Saratoga-Kartoffeln dazu und legen Sie sie in die Mitte der Schüssel.

Nr. 185.

HICKORY-NUSS-KUCHEN.

Mischen Sie 4 Tassen Mehl, 2 Tassen Zucker, 1 Tasse Butter und 2 Teelöffel Sahnetatar. Lösen Sie 1 Teelöffel kohlensäurehaltiges Natron in einer Tasse Milch auf und vermischen Sie dies mit der ersten. Fügen Sie 1 Pint Nussfleisch hinzu.

Nr. 186.

DELMONICO'S PUDDING.

Ein Liter Milch mit ½ Teelöffel Salz; Setzen Sie dies auf das Feuer, um es zum Kochen zu bringen. 3 Esslöffel Maisstärke mit etwas kalter Milch vermischen und kurz vor dem Kochen der Milch unterrühren. 5 Minuten kochen lassen. Zu 6 Esslöffeln Zucker das Eigelb von 3 Eiern schlagen und etwaigen Aromaextrakt hinzufügen; Gießen Sie die heiße Maisstärke hinein, schlagen Sie dann das Eiweiß von drei Eiern auf und geben Sie es in Kussform auf den Pudding, und bräunen Sie es im Ofen.

Nr. 187.

WEIHNACHTSPFLAUMENPUDDING.

½ Pfund Rindertalg fein hacken. 1 Pfund Rosinen entsteinen und hacken ; 1 Pfund Johannisbeeren waschen und pflücken. Die Krümel eines kleinen Brotlaibs in 1 Pint Milch einweichen; Sobald die gesamte Milch aufgesogen ist, fügen Sie die Rosinen, die Johannisbeeren und den Talg hinzu, zwei gut geschlagene Eier, einen Esslöffel Zucker, ein Weinglas voll Brandy, die geriebene Muskatnuss und nach Belieben weitere Gewürze. 4 Stunden kochen lassen. Für eine Soße ¼ Pfund Butter mit ½ Pfund Puderzucker zu einer Creme schlagen und mit Brandy abschmecken.

Nr. 188.

ORANGENPUDDING.

Machen Sie dasselbe wie Zitronenpudding, verwenden Sie jedoch Orange statt Zitrone.

Nr. 189.

Eingelegter Lachs.

Kochen Sie einen 6 oder 7 Pfund schweren Lachs; Legen Sie es in ein irdenes Gefäß, nachdem Sie alle Knochen herausgenommen haben, ohne es zu zerbrechen. Pfeffer und Salz darauf geben; 1 Pint Essig, 1 Teelöffel Piment, 2 Dutzend Nelkenkörner, ½ Dutzend Körner schwarzer Pfeffer, etwas roter Pfeffer; Alles in den Essig geben und aufkochen lassen. Fügen Sie auch 3 Blätter Muskatblüte hinzu. Alles über den Lachs gießen und gut abdecken. Wenn es morgens zubereitet wird, kann es auch abends gegessen werden. Stör kann auf die gleiche Weise hergestellt werden.

Nr. 190.

BRANDIIERTE PFIRSICHE.

Nehmen Sie 9 Pfund Heidepfirsiche, 7 Pfund Laibzucker und 1 Liter weißen Brandy. Stellen Sie eine starke, heiße, aber nicht kochende Lauge über das Feuer. Werfen Sie jeweils ein halbes Dutzend Pfirsiche hinein; 4 Minuten ruhen lassen; Nehmen Sie sie wieder heraus und legen Sie sie in kaltes Wasser. Fahren Sie damit fort, bis alles fertig ist. Reiben Sie sie dann mit einem groben Tuch ab, bis sie vollkommen glatt sind, und geben Sie sie in ein anderes Gefäß mit kaltem Wasser. Machen Sie einen Sirup aus dem Zucker, 2 Liter Wasser und der Hälfte des Eiweißes. Den Sirup vollkommen klar abschöpfen. Nehmen Sie die Pfirsiche aus dem Wasser, trocknen Sie sie ab, geben Sie sie in den Sirup und kochen Sie sie, bis ein Strohhalm durch sie hindurchgeht. Nehmen Sie sie dann zum Abkühlen heraus. Den Sirup ¼ Stunde kochen lassen; Anschließend den heißen Brandy dazugeben und gründlich vermischen. Nachdem Sie Ihre Pfirsiche in Gläser gefüllt haben, gießen Sie den Sirup heiß darüber und kleben Sie, wenn er kalt ist, Papier darüber, um sie zu schützen. In 3 Monaten einsatzbereit.

Nr. 191.

GEFÜLLTE EIER.

Schneiden Sie 10 hartgekochte Eier der Länge nach in zwei Hälften, nehmen Sie das Eigelb heraus, zerstoßen Sie es im Mörser, fügen Sie in Milch getränkte Semmelbrösel und ¼ Pfund frische Butter hinzu. Alles zusammen zerstoßen; etwas gehackte Zwiebel, Petersilie, zerstoßenen Pfeffer und geriebene Muskatnuss hinzufügen; vermischen Sie es mit dem Eigelb von zwei rohen Eiern; Füllen Sie die halbierten Eiweiße mit diesem Hackfleisch. Legen Sie den Rest auf den Boden der Form und legen Sie die gefüllten Eier darum herum. In den Ofen geben und schön bräunen.

Nr. 192.

EIERTOPF.

Das Eigelb von 10 Eiern und die Hälfte der kräftigen Soße verquirlen. Nach dem Aufschäumen auf einen Teller stürzen und über einen Topf mit kochendem Wasser stellen, bis die Eier fest sind und eine Creme bilden. Diese in feine Streifen schneiden, in eine Terrine mit herzhafter Brühe geben und sofort servieren.

Nr. 193.

Geschmorte Muscheln.

Kochen Sie sie aus der Schale; Nehmen Sie den Bart heraus und geben Sie ihn mit etwas von dem Sud, in dem er gekocht wurde, in den Schmortopf. etwas Sahne oder Milch, etwas Butter, Pfeffer und Salz hinzufügen; über Mehl verteilen; mit einem Löffel umrühren; 10 Minuten köcheln lassen. Heiß servieren, mit Toast.

Nr. 194.

GEBRATENE AUSTERN.

Nehmen Sie 50 große Austern; sauber spülen und abtropfen lassen; Mit ¼ Pfund Butter, Salz, rotem und schwarzem Pfeffer zum Würzen in einen Schmortopf geben. Stellen Sie die Pfanne auf das Feuer und rühren Sie während des Kochens um. Wenn die Austern zu schrumpfen beginnen, nehmen Sie sie vom Herd und servieren Sie sie sofort in einer gut erhitzten Schüssel mit Deckel.

<h2 style="text-align:center">Nr. 195.</h2>

<h3 style="text-align:center">Geschmorte Venusmuscheln.</h3>

Nehmen Sie 50 große Sandmuscheln aus ihren Schalen; Legen Sie sie zu gleichen Teilen in ihre eigene Flüssigkeit und Wasser, sodass sie fast bedeckt sind. Legen Sie sie für eine halbe Stunde in einen Schmortopf bei schwacher Hitze. entferne allen Abschaum; Fügen Sie eine Teetasse Butter hinzu, in die 1 Esslöffel Mehl eingearbeitet ist, und Pfeffer nach Geschmack. Schmortopf abdecken und weitere 15 Minuten köcheln lassen. Über den Toast gießen. Milch kann als Wasser verwendet werden. Wird besser schmecken.

<h2 style="text-align:center">Nr. 196.</h2>

<h3 style="text-align:center">GEBRATENE AUSTERN.</h3>

Nehmen Sie den größten heraus; Legen Sie sie zum Trocknen auf eine Serviette. Tauchen Sie sie dann jeweils in Mehl oder Crackermehl oder zuerst in geschlagenes Ei. Stellen Sie einen Rost aus grobem Draht über ein helles Feuer. Austern darauf legen; wenn eine Seite fertig ist, die andere umdrehen; Butter auf eine heiße Platte geben; Streuen Sie etwas Pfeffer darüber und legen Sie Austern darauf. Mit Crackern servieren.

<h2 style="text-align:center">Nr. 197.</h2>

<h3 style="text-align:center">Muschelsuppe.</h3>

Eine Schüssel mit Butter bestreichen und mit geriebenen Semmelbröseln oder eingeweichten Crackern auslegen; Pfeffer, Butterstückchen und fein gehackte Petersilie darüber streuen; eine doppelte Schicht Muscheln hineinlegen; Mit Pfeffer und Butterstückchen würzen; eine weitere Schicht eingeweichter Cracker; Drehen Sie einen Teller über die Schüssel und backen Sie ihn eine ¾ Stunde lang im heißen Ofen. Verwenden Sie ½ Pfund Soda-Keks und ¼ Pfund Butter für 50 Muscheln.

<h2 style="text-align:center">Nr. 198.</h2>

<h3 style="text-align:center">GEBRATENER SHAD.</h3>

Den Fisch in zwei Teile teilen; auf dem Rost über heißem Feuer legen; sanft grillen; Legen Sie zuerst das Innere ins Feuer. Halten Sie ein Gericht mit ¼ Pfund süßer Butter bereit; außerdem je 1 Teelöffel Salz und Pfeffer darin einarbeiten; Wenn der Fisch von beiden Seiten gar ist, legen Sie ihn auf eine Schüssel. häufig in der Butter wenden; Decken Sie es ab und stellen Sie die Schüssel so hin, dass sie heiß ist.

Nr. 199.

Kabeljaukuchen.

Eingeweichten Kabeljau kochen; fein hacken; Geben Sie eine gleiche Menge gekochter und zerdrückter Kartoffeln dazu. mit geschlagenen Eiern oder Milch anfeuchten; etwas Butter und etwas Pfeffer; In Form kleiner runder Kuchen auslegen; außen bemehlen und in heißem Schmalz braun braten; Lassen Sie das Schmalz kochend heiß sein, wenn die Kuchen hineingelegt werden. beidseitig braun.

Nr. 200.

Austernsuppe.

Eine 2-Liter-Blechschüssel mit Butter bestreichen; mit eingeweichten Crackern und Butterstücken bedecken; eine doppelte Schicht Austern hineinlegen; feinen Pfeffer darüber streuen, fein gehackte Petersilie; Dann legen Sie wie zuvor eine Schicht eingeweichter Cracker und Butterstückchen darauf. dann eine weitere Schicht Austern und Gewürze und zuletzt eingeweichte Cracker und Butter sowie 1 Pint Austernlikör und Milch oder Wasser.

Nr. 201.

GEBACKENER SHAD.

Reinigen Sie den Gummifisch. den Kopf abschneiden; Teilen Sie es auf der Hälfte der Rückseite auf. Innen sauber kratzen. Für die Füllung 2 Scheiben Bäckerbrot schneiden; Jeweils mit Butter bestreichen und mit Pfeffer, Salz und zerstoßenem Salbei bestreuen. befeuchte es mit heißem Wasser; Füllen Sie das Innere des Fisches damit. Binden Sie eine Kordel darum, um das Füllen fortzusetzen. außen mit Mehl ausbaggern; überall außen Butterstücke aufkleben; Mischen Sie je einen Teelöffel Salz und Pfeffer auf der Oberfläche. dann den Fisch auf den Muffinring in der Fettpfanne legen; je nach Geschmack 1 Pint Wasser hinzufügen; Sollte dieser beim Backen aufgebraucht sein, noch mehr heißes Wasser hinzufügen; 1 Stunde im Schnellofen backen; oft begießen. Wenn der Fisch fertig ist, sollte sich noch ½ Pint Soße in der Pfanne befinden; Wenn nicht, fügen Sie mehr heißes Wasser hinzu; Geben Sie einen vollen Teelöffel Mehl mit etwas Butter hinein, eine in dünne Scheiben geschnittene Zitrone; Rühren Sie alles glatt und gießen Sie es dann in die Sauciere. Zitronenscheiben über den Fisch legen und mit Kartoffelpüree servieren.

Nr. 202.

HUMMERSAUCE.

Nehmen Sie das Fleisch heraus, kochen Sie die Schale ein und bereiten Sie aus dem Likör die Soße mit gehacktem Hummer und gebuttertem Mehl zu. Die Beeren können unzerkleinert verwendet werden.

Nr. 203.

AUSTERNSOSSE.

Die Austern öffnen, den Likör abseihen und mit in Mehl gerollter Butter in einen Topf geben. Sobald es geschmolzen ist, die Austern und etwas Sahne hinzufügen. Sobald es kocht, Zitronensaft hinzufügen; Es können geschlagene Muskatblüte und weißer Pfeffer verwendet werden.

Nr. 204.

Weiche Muscheln gebraten.

Nehmen Sie sie aus der Schale, waschen Sie sie in reichlich Wasser und legen Sie sie zum Trocknen auf eine Serviette. Mehl sehr dick einrollen; Stellen Sie eine Bratpfanne bereit, die zu einem Drittel mit heißem Schmalz gefüllt ist, einen Esslöffel Salz auf 1 Pfund Schmalz; Legen Sie die Muscheln einzeln mit einer Gabel hinein. dicht nebeneinander legen und auf einer Seite leicht bräunen lassen, dann umdrehen und die andere Seite bräunen lassen. Bereit für den Tisch in eine heiße Schüssel geben.

Nr. 205.

Krabben kalt gekleidet.

Nehmen Sie das gesamte Fruchtfleisch heraus und vermischen Sie es mit Öl, Essig, Cayennepfeffer und etwas Eigelb hartgekochter Eier. Geben Sie das Ganze in die Schale und dann auf eine Schüssel mit frischen Kräutern und Salat drumherum – frische Wasserkresse eignet sich zum Dekorieren.

Nr. 206.

HUMMERSALAT.

Entfernen Sie das gesamte Fleisch des Hummers und achten Sie dabei auf die Korallen, falls vorhanden. Das Fleisch in nicht sehr kleine Stücke schneiden, in eine Salatschüssel geben, Sardellen, ein paar Oliven, gehackte Gurken, geviertelte hartgekochte Eier und den zerrissenen, aber nicht zerschnittenen Salat hinzufügen; kurz vor dem Servieren das Dressing darübergießen; Eintopfkoralle darauf legen; eventuell noch eine geschnittene Gurke und eine Zwiebel hinzufügen.

Das Dressing wird folgendermaßen zubereitet: Das Eigelb von zwei frischen Eiern gut schlagen und einen halben Teelöffel Salz, 4 Teelöffel gemischten Senf und eine Prise Cayennepfeffer unterrühren. Fügen Sie nach und nach Olivenöl hinzu und rühren Sie dabei ständig mit einer silbernen Gabel um, bis es steif und flockig wird – es wird ein halber Pint Öl benötigt – fügen Sie 2 Esslöffel Essig hinzu; Gießen Sie nicht mehr als einen Teelöffel Öl auf einmal hinein. Diese Menge Dressing reicht für 5 bis 6 Pfund Hummer.

Nr. 207.

FISCH IN GELEE.

Machen Sie Gelee, indem Sie Fisch jeglicher Art oder Kälberfüße einkochen. Klären Sie es mit Eiweiß und gießen Sie etwas Milch in eine Form . Wenn das Gelee fest ist, legen Sie den vorbereiteten Fisch darauf und gießen Sie mehr Gelee hinein, bis die Form gefüllt ist. Wenn es erstarrt ist, legen Sie es kurz mit einem heißen Tuch um und stürzen Sie es auf eine Schüssel. Zum Abendessen oder Mittagessen servieren.

Nr. 208.

TEUFELSFISCH.

Jede Art von Fisch ist geeignet. Lassen Sie es eine halbe Stunde lang in Essig, Ketchup oder einer anderen Brühe einweichen. Abgießen, kochen und mit Meerrettich oder Senfsauce servieren. Wenn Sie möchten, können Sie Ihren Fisch auch in Currypulver wälzen.

Nr. 209.

FISCH IM TEIG.

Einige Fischscheiben mit Gewürzen einreiben oder Kräuter zerkleinern; Dann in den Teig tauchen und braun braten.

Nr. 210.

FISCHSANDWICHES.

Beide Seiten der Brotscheiben mit Butter bestreichen. Auf der Hälfte davon lagen dünne Filets von Sardellen, Sardinen, geräuchertem Lachs oder anderen Fischen; Streuen Sie Gewürze darüber und legen Sie die anderen Scheiben darauf. Legen Sie die Sandwiches auf eine Schüssel und stellen Sie sie in den Ofen, bis sie braun sind. Der weiche Rogen vom Maifisch oder Hering zwischen Brot und Butter ist gut.

Nr. 211.

FISCHPATTES.

Leichte Paste verwenden. Iss die großen Austern. Machen Sie sie heiß, indem Sie sie in Sahne oder etwas Butter geben, mit Austernlikör vermischen und fein würzen. Mit Eigelb andicken und in die bereits in Patty-Pfannen gebackene Kruste geben. Nehmen Sie Fleisch vom Schwanzteil von Krebsen oder Hummern; in Scheiben schneiden. Für Lachsfrikadellen das Fleisch mit einem Messer abkratzen, mit Cayennepfeffer würzen; Mit etwas Butter oder Sahne und Eigelb vermischen und sanft über dem Feuer schütteln, bis es fertig ist. Aale müssen in Soße gedünstet und das Fleisch zusammen mit etwas Petersilie, Butter und Gewürzen in einem Mörser zerstoßen werden. Erwärmen Sie es mit einem Glas Wein und legen Sie es in Pastetenkrusten.

Nr. 212.

Überbackener Fisch.

Bart die Austern und Jakobsmuscheln; halbieren oder vierteln; Verpacken Sie sie in Jakobsmuscheln oder kleinen Dosen. Butterstücke darauf legen und backen, bis sie oben braun sind. Servieren Sie sie in der Schale. Auf die gleiche Weise werden dünne Scheiben Lachs, Hecht oder Steinbutt serviert. Zum Servieren Zitronensaft darüberpressen.

Nr. 213.

FISCH, GEKOCHT.

Legen Sie den Fisch in Salzwasser, kalt, wenn der Fisch groß ist, und heiß, wenn er klein ist. Im letzteren Fall reichen 2 bis 3 Minuten in kochendem Wasser; und ein Schafskopf von 4 oder 5 Pfund benötigt ab dem Zeitpunkt, an dem das Wasser kocht, nicht mehr als 10 Minuten. Den Fisch mit einem Sieb in den Topf geben. Lachs und alle dunkelfleischigen Fische müssen stärker gekocht werden als weißfleischige Arten. Die Außenseite des Fisches muss vor dem Kochen mit Essig eingerieben werden; Dadurch wird verhindert, dass die Haut reißt. Gekochten Fisch auf einer Serviette servieren.

Nr. 214.

FISCH, GESALZT.

Wenn Sie Ihren Fisch salzen möchten, waschen oder befeuchten Sie ihn niemals, sondern teilen Sie die größeren Fische auf und entfernen Sie die Köpfe und Eingeweide der anderen, nachdem Sie sie abgekratzt haben; Dann packen Sie sie in einen Einmachbehälter mit fein gemahlenem Salz zwischen jeder Schicht. Der Fisch muss oben gut mit Salz bedeckt sein.

Nr. 215.

FISCH, CURRIET

Ein Curry aus Hummer, Garnelen, Garnelen oder Flusskrebsen lässt sich ganz einfach zubereiten. Nehmen Sie ausreichend Fleisch von beiden und reiben Sie es mit Currypulver ein. Halten Sie kochende Soße in einem Topf bereit, um Soße für Fisch zuzubereiten. Wenn es kocht, nehmen Sie es vom Feuer und fügen Sie Butterstückchen und geschlagene Eigelb hinzu, um es einzudicken.

Nr. 216.

GEWÖHNLICHES OMELETTE.

Schlagen und seihen Sie Ihre Eier, würzen Sie sie und geben Sie zu jeweils 6 Eiern einen Esslöffel Wasser, Milch oder Brühe hinzu. Lassen Sie etwas Butter oder Öl in einer Bratpfanne heiß werden und gießen Sie die Eier hinein. Wenn das Omelett fest ist und auf der Unterseite eine hellbraune Farbe hat, nehmen Sie es auf, falten Sie es leicht zusammen und servieren Sie es heiß. Omeletts nicht in der Pfanne wenden.

Nr. 217.

SARDINE-OMELETTE.

Den konservierten Fisch entgräten, in Würfel schneiden und in Olivenöl wenden. Bereiten Sie die Eier wie gewohnt vor, würzen Sie sie und gießen Sie sie über den Fisch in der Pfanne. Oder braten Sie die Eier separat und legen Sie den Fisch auf das Omelett , wenn er fertig ist.

Nr. 218.

SPECKOMELETTE.

Zerkleinern Sie etwas kalten, gekochten Speck und vermischen Sie ihn mit gewürzten und gut geschlagenen Eiern, oder nehmen Sie rohen Speck, hacken Sie ihn, geben Sie ihn in eine Bratpfanne, bis er gebräunt ist, und gießen Sie dann geschlagene Eier darauf, oder legen Sie etwas Speck auf die gerade gegossenen Eier in der Bratpfanne. Wenn das Omelett fertig ist, falten Sie es zusammen und servieren Sie es mit Tomatensauce in der Form.

Nr. 219.

ÄPFEL UND REIS.

Kochen Sie ½ Pfund Reis in 1 Liter frischer Milch. Geben Sie gleichzeitig ein paar eingelegte Äpfel in den Ofen, damit sie heiß werden. Wenn der Reis fertig ist, verteilen Sie ihn auf einem Teller. Legen Sie die Konfitüre in die Mitte. Streuen Sie etwas Zucker darüber und garnieren Sie den Reis mit kandierten Zitronenschalenscheiben. Vor dem Servieren einige Stücke frische Butter darauf legen. Muss warm gegessen werden.

Nr. 220.

CHARLOTTE DES POMMES.

Einige Äpfel schälen und in Scheiben schneiden; nimm einen Laib feines Weißbrot; Befreien Sie es von der Kruste und schneiden Sie es in dünne, gut mit Butter bestrichene Scheiben. Geben Sie sie in eine gut mit Butter bestrichene Form und legen Sie eine Schicht Äpfel hinein, bestreut mit geriebener Zitrone; schälen und mit braunem Zucker süßen. Als nächstes eine Scheibe Brot und Butter hineinlegen, bis die Form voll ist; Den Saft von zwei Zitronen hineinpressen und 1 Stunde backen. Drehen Sie es heraus und servieren Sie es wie einen Kuchen.

Nr. 221.

ROTE ÄPFEL IN GELEE.

Schöne geformte Äpfel in einem Schmortopf mit Wasser bedecken. Einen Löffel pulverisiertes Cochenille hinzufügen und leicht köcheln lassen. Wenn Sie fertig sind, geben Sie es in eine Dessertschale. Fügen Sie weißen Zucker und den Saft von 2 Zitronen hinzu, um einen Sirup zu erhalten. Wenn es zu einem Gelee gekocht ist, geben Sie es in die Äpfel. Form mit in Scheiben geschnittener Zitronenschale dekorieren.

Nr. 222.

APFELSCHOKOLADE.

Kochen Sie in 1 Liter frischer Milch, 1 Pfund ausgekratzter französischer Schokolade und 6 Unzen weißem Zucker. Das Eigelb von 6 Eiern und das Eiweiß von 2 Eiern schlagen. Wenn die Schokolade kocht, vom Herd nehmen; Fügen Sie die Eier hinzu und rühren Sie gut um. Auf den Boden einer tiefen Schüssel eine gute Schicht zerkleinertes Apfelfleisch legen und nach Geschmack süßen; Mit Zimt würzen. Gießen Sie Schokolade darüber und stellen Sie die Form auf einen Topf mit kochendem Wasser. Wenn die Creme fest ist, ist sie fertig. Puderzucker darüber sieben und mit einer glühenden Schaufel glasieren.

Nr. 223.

APFELGELEE.

Äpfel mit feinem Geschmack schälen und entkernen; In große Stücke schneiden und in sehr wenig Wasser kochen. Anschließend durch ein Haarsieb passieren. Drücken Sie sie, um den ganzen Saft zu erhalten. Für jeden Liter Gelee nehmen Sie 1 Pfund weißen Zucker; Kochen Sie es in dem Wasser, das für die Frucht verwendet wurde, und häuten Sie es. Fügen Sie den Saft der Äpfel und den Saft von vier ausgepressten Orangen in jeden Liter hinzu. ½ Stunde kochen lassen und gebrauchsfertig aufbewahren.

Nr. 224.

AUSTERN A LA POULETTE.

Legen Sie 25 Austern oder einen Liter in ihrem eigenen Likör auf das Feuer. Sobald es zu kochen beginnt, durch ein Sieb in eine heiße Schüssel geben. Lassen Sie die Austern im Sieb. Geben Sie 2 Unzen Butter in den Topf und streuen Sie, wenn Blasen entstehen, 1 Unze gesiebtes Mehl darüber. Lassen Sie es eine Minute kochen, ohne Farbe anzunehmen. Mit einem Schneebesen gut umrühren; dann eine Tasse Austernlikör hinzufügen und gut vermischen; nimm es vom Feuer; Mischen Sie das Eigelb von 2 Eiern, etwas Salz und ganz wenig rote Paprika, 1 Teelöffel Zitronensaft und 1 geriebene Muskatnuss. Schlagen Sie es gut auf und stellen Sie es dann wieder auf das Feuer, damit die Eier fest werden, ohne es kochen zu lassen. Dann die Austern hineingeben.

Nr. 225.

TRÜFFELAUSTERN.

Vier Dutzend große Austern, 1 Dose Trüffel, 6 Unzen Hühnchen, 3 Unzen fettes, gepökeltes Schweinefleisch, 5 Eier, Mehl, Toast, roter Pfeffer. Das Hühnchen und das gepökelte Schweinefleisch zerkleinern und zu einer Paste zerstampfen, roten Pfeffer und eine Prise Salz hinzufügen und die fein geschnittenen und untermischenden Trüffel hinzufügen; Legen Sie die Austern auf die Serviette, führen Sie ein Taschenmesser am Rand ein und spalten Sie jede Auster innen auf und ab, ohne dass die Öffnung zu groß wird, und drücken Sie dann das Hackfleisch hinein. Wenn die Austern gefüllt sind, legen Sie sie in Mehl, tauchen Sie sie dann in geschlagenes Ei und geben Sie jeweils ein paar Austern in heißes Schmalz, und braten Sie sie drei bis vier Minuten lang. Das Schmalz sollte tief genug sein, um sie einzutauchen. Wenn sie goldbraun sind, nehmen Sie sie heraus, lassen Sie sie auf Papier abtropfen und legen Sie sie auf den Toast.

Nr. 226.

PHILADELPHIA-KOCHART, LEINWAND-ENTE.

Zeichnen Sie die Ente und vernähen Sie den Einschnitt fest und dicht, sodass eine Öffnung übrig bleibt. Füllen Sie den Innenraum dadurch mit Johannisbeergelee und gutem Portwein. Die Öffnung zunähen und verschließen und die Ente 20 Minuten im heißen Ofen braten; Durch diesen Vorgang verbinden sich das Gelee, der Wein und die natürlichen Säfte der Ente und durchdringen das Fleisch, was zu einem äußerst köstlichen Ergebnis führt.

Nr. 227.

GEBRATENE GEFÜLLTE AUSTERN.

Reiben Sie das Eigelb von hartgekochten Eiern, bei den größten Austern 4 oder 5 pro Dutzend; Halb so viel gesalzenes Schweinefleisch zerkleinern und schwarzen Pfeffer und gehackte Petersilie untermischen, ein rohes Ei und das Eigelb hinzufügen, um eine Paste herzustellen; Teilen Sie die

Innenseite auf, indem Sie ein Taschenmesser auf und ab bewegen, ohne dass am Rand eine sehr große Öffnung entsteht. Fügen Sie die Füllung hinzu, tauchen Sie sie in feine Semmelbrösel, dann in geschmolzene Butter auf einem Teller, dann erneut in Semmelbrösel und braten Sie sie über einem klaren Feuer.

Nr. 228.

WILDSUPPE.

Entfernen Sie bei kalten Vögeln, die vom Vortag übrig geblieben sind, das gesamte Fleisch von der Brust. Zerstoßen Sie es in einem Mörser, schlagen Sie die Beine und Knochen in Stücke und kochen Sie sie eine Stunde lang in etwas Brühe. 6 Rüben kochen, pürieren und mit dem zerstampften Fleisch durch ein Tuch abseihen. Die Brühe abseihen und jeweils eine kleine Menge davon in das Sieb geben, damit alles besser durchsiebt werden kann. Stellen Sie den Suppenkessel in die Nähe des Feuers, aber lassen Sie ihn nicht kochen. Wenn Sie bereit sind, Ihr Abendessen zuzubereiten, vermischen Sie 6 Eigelb mit ½ Pint Sahne; durch ein Sieb abseihen; Die Suppe auf das Feuer stellen und, wenn sie zum Kochen kommt, Eier hineingeben und mit einem Holzlöffel gut umrühren. Lassen Sie es nicht kochen, damit es nicht gerinnt.

Nr. 229.

ARTISCHOCKEN.

Weichen Sie sie in kaltem Wasser ein, waschen Sie sie gut, geben Sie sie in reichlich kochendes Wasser mit einer Handvoll Salz und lassen Sie sie sanft kochen, bis sie weich sind. Dies dauert 1½ bis 2 Stunden. Um zu wissen, wann sie fertig sind, ziehen Sie ein Blatt heraus. Schneiden Sie sie ab und lassen Sie sie auf einem Sieb abtropfen. Schicken Sie ihnen geschmolzene Butter mit, die manche in kleine Tassen füllen, damit jeder Gast eine haben kann.

Nr. 230.

GERTÖSTE AUSTERN.

Zum Schmoren reichen große Austern. Ein paar Dutzend in ihrem eigenen Schnaps schmoren. Sobald es kocht, die Austern gut abschöpfen, herausnehmen, entkernen, den Likör durch ein Sieb passieren und die Austern auf einen Teller legen. Geben Sie eine Unze Butter in einen Schmortopf; Sobald es geschmolzen ist, geben Sie so viel Mehl hinzu, dass es austrocknet, den Austernlikör, 3 Esslöffel Milch oder Sahne, etwas weißen Pfeffer, Salz, etwas Ketchup, gehackte Petersilie, geriebene Zitronenschale und Saft. Lassen Sie es ein paar Minuten kochen, bis es glatt ist, nehmen Sie es dann vom Feuer, geben Sie die Austern hinein und lassen Sie sie warm werden. Legen Sie die Seiten und den Boden einer Haschischform mit Brotstückchen aus und gießen Sie Ihre Austern und Soße hinein.

Nr. 231.

FRIKASIERTES KANINCHEN.

Nehmen Sie ein feines, fettes Kaninchen, putzen Sie es gut, salzen und pfeffern Sie es, geben Sie es in heißes Schmalz und braten Sie es schön braun an. Wenn Sie fertig sind, nehmen Sie es heraus, gießen Sie einen Teil des Fettes aus, schneiden Sie drei Zwiebeln in kleine Stücke, verdicken Sie es mit drei Esslöffeln Mehl, rühren Sie gut um und gießen Sie so viel Wasser hinzu, dass das Kaninchen bedeckt ist, das nun wieder in die Pfanne gegeben wird. Abdecken und eine ¾ Stunde kochen lassen. Kurz vor dem Servieren etwas Petersilie klein schneiden und hineingeben; Servieren Sie es entweder mit Brat- oder Bratkartoffeln.

Nr. 232.

KALBE KALBS- UND SCHINKEN-TIMBALES.

Timbale-Paste, 1 Pfund Corned Bacon, 2 Pfund Kalbskeule, 6 hartgekochte Eier, je 1 Teelöffel Selleriesalz und Majoran, 3 Zweige Petersilie, weißer Pfeffer und Salz nach Geschmack; Die Timbale- Form mit der Paste auslegen und sie zunächst auf eine gefettete Backform stellen; Schinken und Kalbfleisch in Jakobsmuscheln und die Eier in Scheiben schneiden; mit ihnen abwechselnd Schichten mit den Gewürzen bilden; Wenn alles aufgebraucht ist, füllen Sie es mit Wasser, befeuchten Sie die freiliegenden Ränder der Pastenabdeckung, verzieren Sie die Ränder und backen Sie es 2 Stunden lang bei mittlerer Hitze. Wenn es kalt ist, öffnen Sie die Form und servieren Sie es nach Belieben.

Nr. 233.

BEEFSTEAK UND AUSTERN.

Nehmen Sie ein zartes Lendensteak, legen Sie es in eine heiße Pfanne und lassen Sie es 15 Minuten braten; Wenn Sie fertig sind, nehmen Sie die Herzen aus 1 Liter Austern und geben Sie die Austern in die Pfanne, in der das Steak herauskam. Streuen Sie ein wenig Mehl darüber, ein kleines Stück Butter und etwas Austernlikör, genug, um ein schönes Gericht zu machen Soße; abschmecken und etwas Muskatnuss hinzufügen. Legen Sie das Steak auf eine Platte, gießen Sie die Austernsauce darüber und servieren Sie es heiß.

Nr. 234.

FRICASSED HUHN.

EIN PAAR.

Schneiden Sie ein Huhn in Viertel und bereiten Sie eine reichhaltige Soße aus 1 Pint Milch, 1 Pint Wasser oder Austernlikör, 3 Esslöffeln Mehl und etwas Butter unter das Mehl. Nachdem das Huhn in der Milch und dem Wasser fast gekocht ist, geben Sie das mit der Butter vermischte Mehl hinzu. ein paar Zweige Petersilie dazugeben; Alles kochen lassen, bis es fertig ist. Kochen Sie etwas Reis in einem Topf, damit die Körner nicht zerfallen. Wenn das Hähnchen fertig ist, legen Sie es auf den Teller, verteilen Sie den Reis rundherum auf dem Teller, gießen Sie die Soße in die Mitte des Hähnchens und servieren Sie es heiß.

Nr. 235.

GERÖSTETE SCHWEINEKEULE, GENANNT MOCK GANS.

Kochen Sie es vor; die Haut abziehen; dann legen Sie es zum Braten hin; Bestreichen Sie es mit Butter und stellen Sie ein Pulver aus fein gehacktem oder getrocknetem Salbeipulver, schwarzem Pfeffer, Salz und einigen Semmelbröseln her, die Sie durch ein Sieb verreiben. Fügen Sie dazu etwas fein gehackte Zwiebeln hinzu; Wenn es fast geröstet ist, damit bestreuen. Geben Sie ½ Pint zubereitete Soße in die Schüssel und füllen Sie die Gänsehaut unter die Haxenhaut, oder garnieren Sie die Schüssel mit gebratenen oder gekochten Bällchen davon.

Nr. 236.

NIEREN.

Schneiden Sie sie der Länge nach auf, ritzen Sie sie ein, streuen Sie etwas Pfeffer und Salz darauf und stecken Sie einen Drahtspieß hinein, damit sie sich auf dem Rost nicht kräuseln und gleichmäßig grillen. Grillen Sie sie über einem klaren Feuer und wenden Sie sie oft, bis sie gar sind. Dies dauert etwa 10 bis 12 Minuten, wenn Sie ein starkes Feuer haben oder sie in Butter anbraten und in der Pfanne eine Soße zubereiten, nachdem Sie die Nieren herausgenommen haben, indem Sie einen Teelöffel Mehl hineingeben; Sobald es braun aussieht, so viel Wasser hinzufügen, dass die Soße entsteht. Das Braten dauert 5 Minuten länger als das Grillen. Auf jede Niere können ein paar fein gehackte Petersilienblätter gegeben und mit etwas Butter, Pfeffer und Salz vermischt werden.

Nr. 237.

STEAKS.

Schneiden Sie die Steaks lieber dünner als zum Grillen. Geben Sie etwas Butter in eine Bratpfanne, legen Sie die Steaks hinein, wenn sie heiß ist, und wenden Sie sie weiter, bis sie gar sind. Dadurch wird das Fleisch gleichmäßiger gewürzt, gleichmäßiger gebräunt und schmeckt deutlich schmackhafter.

Nr. 238.

FISCHSTEINSTEIN.

Kochen Sie 5 Pfund festen Fisch, der noch nicht ganz gar ist; Nehmen Sie es heraus und pflücken Sie alle Knochen heraus. Anschließend eine Sahnesoße dazu zubereiten. Nachdem Sie die Herzen aus einem Pint Austern herausgenommen haben, geben Sie sie in die Sahnesoße. außerdem ½ Pint Milch, 2 Esslöffel Mehl, 1 Esslöffel Butter, 2 Eigelb. Alles zusammen kochen lassen; dann legen Sie den Fisch hinein; Mit Pfeffer und Salz abschmecken; in eine Puddingform geben. Eine Selleriestange sehr fein hacken und hineingeben; Etwas Semmelbrösel und kleine Butterstückchen darüber sieben. In den Ofen schieben und ¾ Stunde backen lassen. Das Gericht mit gebratenen Austern oder Bratkartoffeln garnieren.

Nr. 239.

ZUNGE.

Eine Zunge erfordert mehr Kochzeit als ein Schinken. Eine gesalzene und getrocknete Variante sollte 24 Stunden vor dem Verzehr in reichlich Wasser eingeweicht werden; Ein grüner Eingelegter muss nur wenige Stunden eingeweicht werden. Legen Sie die Zunge in reichlich kaltes Wasser und lassen Sie es 1 Stunde lang langsam erwärmen und lassen Sie es je nach Größe 3½ bis 4 Stunden lang sehr langsam köcheln.

Nr. 240.

HAM.

Geben Sie ihm ausreichend Wasserraum und stellen Sie ihn hinein, solange das Wasser kalt ist. Lassen Sie es langsam erhitzen und lassen Sie es 1½ Stunden lang auf dem Feuer stehen, bevor es zum Kochen kommt. Lassen Sie es gut abschöpfen und lassen Sie es ganz leicht köcheln. Die Zubereitung eines mittelgroßen Schinkens dauert je nach Dicke 4 bis 5 Stunden.

Nr. 241.

GEBRATENER EGEL.

Wischen Sie den Fisch gut ab, wischen Sie ihn mit einem trockenen Tuch ab, bemehlen Sie ihn rundherum leicht und braten Sie ihn 10 Minuten lang in heißem Schmalz oder Bratenfett; Legen Sie sie auf ein Haarsieb. Schicken Sie sie auf einen heißen Teller, garniert mit Petersilienzweigen.

Nr. 242.

BROT-BUTTER-PUDDING.

Bereiten Sie ein Quart-Gericht vor; 2 Unzen Johannisbeeren waschen und pflücken; Streuen Sie ein paar davon auf den Boden der Schüssel. Schneiden Sie etwa 4 Schichten sehr dünnes Brot und Butter aus und streuen Sie zwischen jede Schicht einige Johannisbeeren. Schlagen Sie dann 4 Eier in einer Schüssel auf und lassen Sie 1 Eiweiß übrig. Schlagen Sie sie gut und fügen Sie 4 Unzen Zucker und eine Muskatnuss hinzu; Rühren Sie es gut mit einem halben Liter frischer Milch um. Gießen Sie es etwa 10 Minuten lang darüber, bevor Sie es in den Ofen schieben. ¾ Stunde backen.

Nr. 243.

Pfannkuchen und Krapfen.

3 Eier in einer Schüssel aufschlagen, mit etwas Muskatnuss und Salz verrühren; Geben Sie 4½ Unzen Mehl und etwas Milch dazu; zu einem glatten Teig schlagen. Fügen Sie nach und nach so viel Milch hinzu, dass die Sahne dick ist. Die Bratpfanne muss etwa die Größe eines Puddingtellers haben und sehr sauber sein, sonst bleiben sie kleben; Machen Sie es heiß und geben Sie zu jedem Pfannkuchen ein Stück Butter in der Größe einer Walnuss; Sobald der Teig geschmolzen ist, den Teig hineingießen, sodass der Boden der Pfanne bedeckt ist. Machen Sie sie so dick wie ein halber Dollar. von beiden Seiten hellbraun anbraten.

Auf die gleiche Weise lassen sich Apfelküchlein zubereiten, indem man noch 1 Esslöffel Mehl hinzufügt. Äpfel schälen und in dicke Scheiben schneiden, Kerngehäuse entfernen, in den Teig tauchen und in heißem Schmalz anbraten. Zum Abtropfen auf ein Sieb stellen; Den Puderzucker darüber reiben.

Nr. 244.

BOSTON APPLE PUDDING.

Schälen Sie eineinhalb Dutzend gute Äpfel, entfernen Sie das Kerngehäuse, schneiden Sie sie klein und geben Sie sie mit etwas Wasser, Zimt, zwei Nelken und der Schale einer Zitrone in einen Schmortopf, in den sie gerade passen. Bei schwacher Hitze weich schmoren, dann mit feuchtem Zucker süßen und durch ein feines Sieb passieren. Fügen Sie das Eigelb von 4 Eiern und 1 Eiweiß, ¼ Pfund Butter, eine halbe Muskatnuss, eine abgeriebene Zitronenschale und den Saft einer Zitrone hinzu; alles zusammen schlagen; Die Innenseite der Kuchenform mit guter Paste auskleiden; Den Pudding hineingeben und eine halbe Stunde backen.

Nr. 245.

FRÜHLINGSPUDDING.

Rhabarberstangen schälen und waschen ; Geben Sie den Pudding, eine Zitrone, etwas Zimt und so viel feuchten Zucker in einen Topf, dass er süß wird. Stellen Sie es über ein Feuer und reduzieren Sie es zu einer Marmelade. Durch ein Haarsieb passieren und wie oben beschrieben weitermachen, dabei den Zitronensaft weglassen, da der Rhabarber sauer genug ist.

Nr. 246.

NOTTINGHAM PUDDING.

6 Äpfel schälen, entkernen, aber die Äpfel ganz lassen; Füllen Sie die Stelle, an der Sie den Kern herausgenommen haben, mit Zucker auf. Legen Sie sie in eine Kuchenform und gießen Sie einen schönen, leichten Teig darüber, der wie für einen Teigpudding zubereitet wird. eine Stunde im mäßigen Ofen backen.

Nr. 247.

MAIGRE-PFLAUMENPUDDING.

Lassen Sie ein halbes Liter Milch mit zwei Keulenblättern und einer Rolle Zitronenschale 10 Minuten lang köcheln, gießen Sie es dann in eine Schüssel, stellen Sie es zum Abkühlen hin und schlagen Sie dann drei Eier in einer Schüssel mit 3 Unzen Laibzucker auf Ein Drittel einer Muskatnuss hinzufügen, dann 3 Unzen Mehl hinzufügen, gut verrühren und nach und nach die Milch dazugeben. Fügen Sie 3 Unzen frische, in kleine Stücke gebrochene Butter und 3 Unzen Semmelbrösel hinzu, 3 Unzen gewaschene und gepflückte Johannisbeeren, 3 Unzen entsteinte und gehackte Rosinen; Gut verrühren, eine Form mit Butter bestreichen, hineinlegen und ein Tuch fest darüber binden; 2½ Stunden kochen lassen, mit zerlassener Butter, 2 Esslöffeln Brandy und etwas Puderzucker servieren.

Nr. 248.

EINFACHER BROTPUDDING.

Geben Sie 150 Gramm Semmelbrösel in eine Schüssel, gießen Sie ¾ Pint kochende Milch darüber, stellen Sie einen Teller darauf, um ihn im Dampf zu halten, und lassen Sie ihn 20 Minuten stehen. dann mit 2 Unzen Zucker und einem Salzlöffel Muskatnuss ganz glatt schlagen ; Schlagen Sie 4 Eier auf einem Teller auf, lassen Sie 1 Eiweiß weg, schlagen Sie sie gut und geben Sie sie zum Pudding. Gut verrühren und in eine gut mit Butter und Mehl bestäubte Form geben; Ein Tuch darüber binden und eine Stunde kochen lassen.

Nr. 249.

Flämische Waffeln.

Eineinhalb Liter Mehl, ½ Teelöffel Salz, 2 Esslöffel Zucker, 3 Esslöffel Butter, 1½ Teelöffel Backpulver, 4 Eier, ½ Pint dünne Sahne, je 1 Teelöffel Zimt- und Vanilleextrakt; Butter und Zucker zu einer Creme verrühren, die Eier einzeln hinzufügen und zwischen den einzelnen Zugaben 3 bis 4 Minuten verrühren; Mehl, Salz und Pulver zusammen sieben, zur Butter usw. geben, zusammen mit Vanille, Zimt und dünner Sahne. Wie bei Grillkuchen unter den Teig mischen, das Waffeleisen heiß und gut einfetten , so viel Teig einfüllen, dass es zu zwei Dritteln gefüllt ist, den Deckel verschließen und sofort umdrehen; Achten Sie darauf, dass das Eisen nicht zu heiß wird, da die Waffeln nur 4 bis 5 Minuten zum Garen benötigen. Wenn Sie fertig sind, sieben Sie den Zucker darüber und servieren Sie es sofort auf einer Serviette.

Nr. 250.

WEICHE WAFFELN.

Ein Viertel Mehl, ½ Teelöffel Salz, 1 Teelöffel Zucker, 2 Teelöffel Backpulver, 1 großer Esslöffel Butter, 2 Eier, 1½ Liter Milch. Mehl, Pulver und Salz zusammen sieben, die Butter kalt einreiben, die geschlagenen Eier dazugeben, unter den Teig mischen, das Waffeleisen jedes Mal heiß und gut einfetten ; Füllen Sie es zu zwei Dritteln und verschließen Sie es. Wenn sie braun sind, wenden Sie sie um, sieben Sie den Zucker darüber und servieren Sie sie heiß.

Nr. 251.

CRANBERRY-TARTE.

Pflücken Sie einige Preiselbeeren, waschen Sie sie in mehreren Wassern und geben Sie sie in eine Schüssel mit dem Saft einer halben Zitrone und einem Viertel Pfund Puderzucker, zerstoßen zu einem Liter Preiselbeeren. Bedecken Sie es mit Blätterteigpaste und backen Sie es eine Dreiviertelstunde lang. Wenn Sie Tortenpaste verwenden, nehmen Sie diese fünf Minuten vor dem Garen aus dem Ofen und lassen Sie sie einfrieren; Stellen Sie es wieder in den Ofen und stellen Sie es kalt auf den Tisch.

Nr. 252.

APFEL-TARTE.

Einige Äpfel schälen, entkernen und vierteln; einen Apfelkuchen backen; Wenn der Kuchen fertig ist, schneiden Sie die gesamte Mitte aus und lassen Sie die Ränder übrig. Wenn der Apfel kalt ist, gießen Sie etwas kräftige gekochte Vanillesoße über den Apfel und legen Sie einige kleine Blättchen heller Blätterteigpaste darauf.

Nr. 253.

GRAHAM MUFFINS.

Ein Viertel Grahammehl, 1 Esslöffel brauner Zucker, 1 Teelöffel Salz, 3 Teelöffel Backpulver, 1 Ei und 1 Pint Milch; Mehl, Zucker, Salz und Pulver zusammen sieben; Das geschlagene Ei und die Milch dazugeben, zu einem Teig verrühren und die kalten, gut gefetteten Muffinformen zu zwei Dritteln füllen. 15 Minuten im heißen Ofen backen.

Nr. 254.

YORKSHIRE PUDDING.

[Unter Roastbeef.]

Dieser Pudding passt zu Rinderfilet, Kalbsfilet oder einem fetten, saftigen Bratenstück. Sechs Esslöffel Mehl, 3 Eier, 1 Esslöffel Salz, 1 halbes Liter Milch, so dass ein einigermaßen fester Teig entsteht, etwas fester als bei Pfannkuchen; gut aufschlagen – es darf keine Klumpen bilden; Stellen Sie eine Schüssel unter das Fleisch und lassen Sie die Bratenfette hineintropfen, bis es ziemlich heiß und gut eingefettet ist , und gießen Sie dann den Teig hinein. Wenn die Oberseite braun und fest ist, drehen Sie sie um, damit beide Seiten gleichmäßig bräunen. Wenn Sie möchten, dass der Pudding fest und einen Zentimeter dick ist, dauert es bei gutem Feuer zwei Stunden.

Nr. 255.

MAISBROT.

Ein Pfund Maismehl, gut gesiebt und mit kochendem Wasser oder Milch zu einer mittelmäßigen Teigkonsistenz vermischt; dann 4 Eier verquirlen, das Eigelb in den Teig geben und das Eiweiß schaumig schlagen und kurz vor dem Backen hineingeben; Salz nach Geschmack; in eine Backform geben und im heißen Ofen schnell backen; Außerdem wird ein Esslöffel Butter oder Schmalz unter die Mahlzeit gemischt.

Nr. 256.

FRANZÖSISCHE MUFFINS.

Eineinhalb Pint Mehl, 1 Tasse Honig, ½ Teelöffel Salz, 2 Teelöffel Backpulver, 2 Esslöffel Butter, 3 Eier und etwas mehr als ½ Pint Milch oder dünne Sahne. Mehl, Salz und Pulver zusammen sieben; Butter einreiben, kalt; Fügen Sie die geschlagenen Eier, die Milch oder die dünne Sahne und den Honig hinzu. Wie bei einem Pfundkuchen glatt in den Teig einrühren; Etwa die Hälfte der Biskuitformen füllen, kalt und sorgfältig eingefettet, und im guten, gleichmäßigen Ofen 7 bis 8 Minuten backen.

Nr. 257.

BOSTON BRAUNBROT.

Ein halber Pint Mehl, 1 Pint Maismehl, ½ Pint Roggenmehl, 2 Kartoffeln, 1 Teelöffel Salz, 1 Esslöffel brauner Zucker, 2 Teelöffel Backpulver, ½ Pint Wasser. Mehl, Maismehl, Roggenmehl, Zucker, Salz und Pulver zusammen sieben. Zwei mehlige Kartoffeln schälen, waschen und gut kochen; Reiben Sie sie durch ein Sieb und verdünnen Sie sie mit Wasser. Wenn es kalt ist, können Sie damit Mehl usw. zu einem teigähnlichen Kuchen vermischen. Gießen Sie es in eine gefettete Form mit Deckel. Legen Sie es in einen Topf, der zur Hälfte mit kochendem Wasser gefüllt ist, und lassen Sie das Brot eine Stunde lang köcheln, ohne dass Wasser hineinkommt. Nehmen Sie es heraus, nehmen Sie dann den Deckel ab und beenden Sie den Garvorgang, indem Sie es 30 Minuten lang in einem ziemlich heißen Ofen backen.

Nr. 258.

APPLE POT-PIE.

Vierzehn Äpfel geschält, entkernt und in Scheiben geschnitten; 1½ Pints Mehl, 1 Teelöffel Backpulver, 1 Tasse Zucker, ½ Tasse Butter, 1 Tasse Milch, eine große Prise Salz. Das Mehl mit dem Pulver und Salz sieben; Butter einreiben, kalt; Die Milch dazugeben und zu einem Teig wie für Teekekse verrühren; Damit einen flachen Schmortopf bis auf 5 cm unter den Boden auslegen. Gießen Sie 1½ Tassen Wasser, die Äpfel und den Zucker hinein; Befeuchten Sie die Ränder und bedecken Sie sie mit dem Rest des Teigs. Stellen Sie es dann in einen mäßigen Ofen, bis die Äpfel gar sind. dann aus dem Ofen nehmen; Schneiden Sie die obere Kruste in vier gleiche Teile. die Äpfel anrichten; Legen Sie die in Rauten geschnittenen Stücke der Seitenkruste darauf und legen Sie die Stücke der oberen Kruste auf einen Teller. Mit Sahne servieren.

Nr. 259.

Haferflocken-Cracknels.

Eineinhalb Pints feine Haferflocken, ½ Pint Grahammehl, 1 Teelöffel Salz, 1 Teelöffel Backpulver, 1 Pint Milch. Haferflocken und Milch mischen; 5 Stunden an einem kalten Ort zum Quellen stehen lassen. Graham-Mehl, Salz und Pulver zusammen sieben. Fügen Sie es dem Haferflocken hinzu; zu einem glatten Teig verrühren. Das Brett mit Maismehl bemehlen; Den Teig ausrollen und ¼ Zoll dick ausrollen; Schneiden Sie es mit einem Cuttermesser aus. Legen Sie sie auf gefettete Backformen. Mit Milch übergießen und 10 Minuten bei mittlerer Hitze backen.

Nr. 260.

DEUTSCHE WAFFEN.

Ein Viertel Mehl, ½ Teelöffel Salz, 3 Esslöffel Zucker, 2 Esslöffel Backpulver, 2 Esslöffel Schmalz, die Schale einer geriebenen Zitrone, 1 Teelöffel Zimtextrakt, 4 Eier, 1 Pint dünne Sahne. Mehl, Zucker, Salz und Pulver zusammen sieben; Schmalz einreiben, kalt; Fügen Sie die geschlagenen Eier, die Zitronenschale, den Extrakt und die Milch hinzu. Zu einem glatten, ziemlich dicken Teig verrühren. Im heißen Waffeleisen backen. Mit Zitronenzucker servieren.

Nr. 261.

TEE-KEKSE.

Ein Viertel Mehl, 1 Teelöffel Salz, ½ Teelöffel Zucker, 2 Teelöffel Backpulver, 1 Teelöffel Schmalz, 1 Pint Milch. Mehl, Salz, Pulver und Zucker zusammen sieben; Schmalz einreiben, kalt; Die Milch dazugeben und zu einem glatten, gleichmäßigen Teig formen. Bemehlen Sie das Brett; Den Teig ausrollen; Rollen Sie es auf eine Dicke von ¾ Zoll aus; mit einem kleinen Rundschneider schneiden; Legen Sie sie dicht nebeneinander auf eine gefettete Backform. mit Milch abwaschen. Im heißen Ofen 20 Minuten backen.

Nr. 262.

REIS-MUFFINS.

Zwei Tassen kalt gekochter Reis, 1 Pint Mehl, 1 Teelöffel Salz, 1 Esslöffel Zucker, 1½ Teelöffel Backpulver, ½ Pint Milch, 3 Eier; Den Reis mit Milch und geschlagenen Eiern verdünnen; Mehl, Zucker, Salz und Pulver zusammen sieben; den Reis hinzufügen; zu einem glatten Teig verrühren; Füllen Sie die Muffinformen zu zwei Dritteln, nachdem Sie sie sorgfältig eingefettet haben. 15 Minuten im heißen Ofen backen.

Nr. 263.

KÄSE-CRACKER.

Eineinhalb Pints Mehl, ½ Pint Maismehl, 1 Teelöffel Salz, 1 Teelöffel Backpulver, 1 Esslöffel Butter, etwas mehr als ½ Pint Milch; Mehl, Maismehl, Salz und Pulver zusammen sieben; Butter kalt einreiben; die Milch hinzufügen; zu einem glatten, eher festen Teig verrühren; das Brett bemehlen; Den Teig ausrollen; Machen Sie schnell ein oder zwei Rollen und rollen Sie es auf die Dicke von einem Viertel Zoll aus. mit einem großen runden Ausstecher ausschneiden; Glasieren Sie die Oberseite wie bei Kuchen, streuen Sie Käse und Cayennepfeffer darüber und backen Sie den Kuchen zehn Minuten lang im heißen Ofen. Käsestrohhalme können auf fast die gleiche Weise aus Blätterteig hergestellt werden, der etwa einen Viertel Meter lang in dünne Scheiben geschnitten wird.

Nr. 264.

FRUCHTGELEE.

Zwei Pints Wasser; ½ Pint Milch und 1 Kieme Wein, 1 Kieme Zitronensaft, die Schale von 3 Zitronen, 1 Pfund Zucker, Eiweiß von 3 geschlagenen, nicht steifen Eiern und alles unterrühren; schmelzen und 1 Blatt Gelatine hineingeben ; das Feuer anzünden und umrühren, bis es zu kochen beginnt; dann 10 Minuten lang anhalten; abheben; Durch einen Flanellbeutel abseihen und in die Pfanne geben, bis es kühl genug ist, um es mit einem Löffel aufzutauchen. 1 Orange schälen und in Schichten vierteln; Geben Sie eine dünne Schicht Gelee auf den Boden der Form . darauf 6 Orangenstücke legen; Jetzt mit Gelee bedecken; zweite Schicht, 7 oder 8 kandierte Kirschen auf die Schicht in der Form tropfen lassen , eine weitere Schicht Gelee; dann 5 oder 6 Malaga-Trauben dazwischen; 5 oder 6 blanchierte Mandeln, eine Schicht Gelee; darauf kandierte Kirschen und Mandeln dazwischen; dann die Form mit Gelee auffüllen; auf Eis legen.

Nr. 265.

Gefrorener Pfirsichpudding.

Ein Liter Milch; 5 Eigelb, 3 Eiweiß; Milch kochen; Machen Sie eine Creme daraus. nach Geschmack süßen; weiche Pfirsiche in dünne Scheiben schneiden; Pfirsiche im kalten Zustand in die Vanillesoße geben; zur Verwendung einfrieren; Dies kann in Form eines Ziegelsteins geformt werden.

Nr. 266.

SCHNEEBALL.

Sechs Äpfel, geschält und entkernt, ½ Pfund Reis gut gewaschen; Äpfel in ein Puddingtuch geben; Reis darüber gießen; Raum zum Anschwellen lassen; 1½ Stunden im Topf kochen; machen Sie Weinsauce dazu; Dies ist ein Abendessen.

Nr. 267.

BLANC-MANGE.

Nehmen Sie 1 Packung Gelatine und teilen Sie sie in zwei Hälften. Nehmen Sie 3 halbe Liter Milch und 3 Eigelb; Bringen Sie die Milch zum Kochen und machen Sie eine Creme daraus. mit Zitrone abschmecken; Eine Hälfte der Gelatine schmelzen und in einer halben Teetasse kalter Milch auflösen. rühren Sie es dann in die Vanillesoße, wenn es fertig ist; nehmen Sie weitere 3 halbe Liter Milch; lass es kochen; mit Vanille würzen; nach Geschmack süßen; Die restliche Hälfte der Gelatine in etwas Milch auflösen und noch heiß unter die letzte Creme rühren; ausreichend abkühlen lassen, damit es schimmelt ; Nehmen Sie dann den ersten hergestellten

Vanillepudding und geben Sie ihn in die Form . Geben Sie dann in derselben Form den zuletzt hergestellten Vanillepudding darauf . Zum Abkühlen auf Eis legen; Mit Schlagsahne essen, gewürzt mit Zitrone oder Vanille.

Nr. 268.

KAFFEE-BLANC-MANGE.

Nehmen Sie 1 Packung Gelatine und teilen Sie sie in zwei Hälften. Nehmen Sie 1 Pint Milch und ½ Pint Kaffee und lassen Sie es kochen; Eine Hälfte der Gelatine in etwas Milch schmelzen; rühre es in die gekochte Milch; Nehmen Sie nun 3 halbe Liter Milch, rühren Sie 2 Esslöffel Schokolade hinein und kochen Sie es auf; Nehmen Sie die restliche Hälfte der Gelatine und schmelzen Sie sie in etwas Milch. rühre es in die Schokolade; Lassen Sie es abkühlen, bevor Sie es in die Form geben . Geben Sie dann die zuerst hergestellte Portion in die Form und darauf die zweite Portion. zum Abkühlen stellen; mit Schlagsahne essen.

Nr. 269.

FRANZÖSISCHER KAFFEE.

Drei Liter Wasser auf 1 Tasse gemahlenen Kaffee. Geben Sie den Kaffeesatz in eine Schüssel, gießen Sie etwa einen halben Liter kaltes Wasser darüber und lassen Sie ihn 15 Minuten lang stehen. Bringen Sie die restlichen 2½ Pints Wasser zum Kochen. Geben Sie den Kaffee in eine Schüssel, gießen Sie ihn durch ein feines Sieb, nehmen Sie dann eine französische Kaffeekanne, geben Sie den Kaffeesatz in das Sieb oben auf der französischen Kanne und lassen Sie das Wasser in der Schüssel. Nehmen Sie dann das kochende Wasser und gießen Sie es ganz langsam über den Kaffee. Stellen Sie dann die Kaffeekanne fünf Minuten lang auf den Herd. darf nicht kochen. Nehmen Sie es ab und gießen Sie das kalte Wasser aus der Schüssel, in der der Kaffee zuerst eingeweicht wurde, hinein, damit es sich setzt. In einem anderen Topf servieren. Die Franzosen haben den Ruf, den besten Kaffee zu kochen. Verwenden Sie 3 Teile Java und 1 Teil Mokka.

Nr. 270.

Keksglasur.

Eineinhalb Pints Sahne, 12 Unzen Zucker, 8 Eigelb, 1 Esslöffel Vanilleextrakt; Nehmen Sie 6 Unzen knusprige Makronen und zerstoßen Sie sie in einem Mörser zu Staub. Einen weiteren Esslöffel Vanilleextrakt unter den Makronenstaub rühren. Sahne, Zucker, Eier und Extrakt verrühren. Auf das Feuer stellen und umrühren, bis die Masse einzudicken beginnt. Abseihen und durch ein Haarsieb in eine Schüssel reiben; In den

Gefrierschrank stellen und, wenn es fast gefroren ist, den Makronenstaub untermischen und das Einfrieren abschließen.

Nr. 271.

NOYEAU CORDIAL.

Zu 1 Gallone hochprozentiger Spirituose fügen Sie 3 Pfund Laibzucker und einen Esslöffel Mandelextrakt hinzu. Gut vermischen und gut abgedeckt 48 Stunden stehen lassen; Jetzt durch ein dickes Tuch abseihen und in eine Flasche füllen. Dieser Likör wird durch die Zugabe von ½ Pint Aprikosen- oder Pfirsichsaft deutlich verbessert.

Nr. 272.

ROTE JOHANNISBEERE FRUCHTEIS.

Geben Sie 2 Pint reife Johannisbeeren, 1 Pint rote Himbeeren und ½ Pint Wasser in eine Schüssel. Auf das Feuer legen und einige Minuten köcheln lassen, dann durch ein Haarsieb passieren. Fügen Sie dazu 12 Unzen Zucker und ½ Pint Wasser hinzu. Alles in eine Gefrierdose geben und einfrieren.

Nr. 273.

TOUTES FRUITS EIS.

Nehmen Sie 2 Liter Sahne und fügen Sie 1 Pfund Puderzucker und 4 ganze Eier hinzu. Alles vermischen; unter ständigem Rühren auf das Feuer stellen und bis zum Siedepunkt bringen; Sofort herausnehmen und weiter rühren, bis es fast kalt ist; würzen Sie dies mit 1 Esslöffel Vanilleextrakt; In den Gefrierschrank stellen und einfrieren. Anschließend 1 Pfund konserviertes Obst zu gleichen Teilen aus Pfirsichen, Aprikosen, Kirschen, Ananas usw. gründlich untermischen. Alle diese Früchte in kleine Stücke schneiden und gut mit den Früchten vermischen Sahne, gefroren. Wenn Sie dieses Eis formen möchten , bestreuen Sie es mit etwas Karmin, gelöst in einem Teelöffel Wasser, mit 2 Tropfen Ammoniak. Mischen Sie diese Farbe so ein, dass sie streifig oder marmorartig gemasert ist.

Nr. 274.

ZERKLEINERTES ERDBEEREIS.

Drei Pints beste Sahne, 12 Unzen pulverisierter weißer Zucker, 2 ganze Eier, 2 Esslöffel Vanilleextrakt. Alles in einer mit Porzellan ausgelegten Schüssel vermischen; auf das Feuer legen; Unter ständigem Rühren bis zum Siedepunkt rühren. Herausnehmen und durch ein Haarsieb passieren. In einen Gefrierschrank stellen und einfrieren. Nehmen Sie 1 Liter reife Erdbeeren, wählen Sie sie aus, schälen Sie sie und geben Sie sie in eine Schüssel. Fügen Sie 6 Unzen weißen Puderzucker hinzu und zerstoßen Sie alles zu einem Brei. Dieses Fruchtfleisch zur gefrorenen Sahne geben und gut vermischen. Geben Sie dem Gefrierschrank nun noch ein paar Umdrehungen, damit er aushärtet.

<h3 style="text-align:center">Nr. 275.</h3>

<h2 style="text-align:center">PFIRSICH-EIS.</h2>

Ein Dutzend der besten, reifsten rotwangigen Pfirsiche; schälen und entsteinen; In eine Schüssel geben und mit 6 Unzen Puderzucker zerdrücken. Nehmen Sie 1 Liter Sahne, 8 Unzen Puderzucker, 2 ganze Eier, 8 Tropfen Mandelextrakt. Alles auf das Feuer stellen, bis es den Siedepunkt erreicht. Herausnehmen und abseihen. In den Gefrierschrank stellen und einfrieren. Wenn es fast gefroren ist, das Pfirsichmark unterrühren. Geben Sie dem Gefrierschrank noch ein paar Umdrehungen, damit er aushärtet.

<h3 style="text-align:center">Nr. 276.</h3>

<h2 style="text-align:center">FRANZÖSISCHES VANILLE-EIS.</h2>

Ein Liter reichhaltige, süße Sahne, ½ Pfund Kristallzucker, Eigelb von 6 Eiern. Sahne und Zucker in einen Porzellankessel auf dem Feuer geben und zum Kochen bringen; Sofort durch ein Haarsieb passieren und die gut verquirlten Eier langsam, heiß und unter kräftigem Rühren zur Sahne und zum Zucker geben. Legen Sie sie erneut auf das Feuer und rühren Sie sie einige Minuten lang um. Geben Sie sie dann in den Gefrierschrank, würzen Sie sie mit 1 Esslöffel Vanille und frieren Sie sie ein.

<h3 style="text-align:center">Nr. 277.</h3>

<h2 style="text-align:center">ZITRONEN-EIS.</h2>

Ein Liter beste Sahne, 8 Unzen Puderzucker, 3 ganze Eier und ein Esslöffel Zitronenextrakt; Legen Sie es auf das Feuer, nehmen Sie es sofort heraus und seihen Sie es ab. Wenn es kalt ist, in den Gefrierschrank stellen und einfrieren.

<h3 style="text-align:center">Nr. 278.</h3>

<h2 style="text-align:center">TRANSPARENTER SCHOKOLADENGLAS.</h2>

3 Unzen feine Schokolade mit etwas Wasser in einer Pfanne über dem Feuer unter ständigem Rühren schmelzen, bis sie weich wird. Verdünnen Sie

dies mit ½ Kieme Sirup und verrühren Sie es, bis es vollkommen glatt ist. Geben Sie es dann wie oben zum gekochten Zucker hinzu.